近红外光谱技术
在地质矿产调查中的应用

杨 敏　任广利　著

U0315903

北 京
冶 金 工 业 出 版 社
2022

内 容 提 要

本书以蚀变矿物的近红外光谱特征为研究对象，总结了常见蚀变矿物近红外光谱的特征，阐述了地质调查工作中地面光谱测量和分析的工作方法，剖析了两个调查区中近红外光谱反映的地质现象和矿物信息。本书的研究结果为地质找矿工作提供了比较翔实的地面光谱资料，具有一定的实用性。

本书可供从事地质调查的科研人员和工程技术人员阅读，也可供大专院校地质学专业师生参考。

图书在版编目（CIP）数据

近红外光谱技术在地质矿产调查中的应用/杨敏，任广利著 . —北京：冶金工业出版社，2022.4
ISBN 978-7-5024-9109-3

Ⅰ.①近… Ⅱ.①杨… ②任… Ⅲ.①红外光谱—应用—矿产地质调查—研究 Ⅳ.①P62

中国版本图书馆 CIP 数据核字（2022）第 052674 号

近红外光谱技术在地质矿产调查中的应用

出版发行	冶金工业出版社	电　　话	（010）64027926
地　　址	北京市东城区嵩祝院北巷 39 号	邮　　编	100009
网　　址	www. mip1953. com	电子信箱	service@ mip1953. com

责任编辑　高　娜　美术编辑　燕展疆　版式设计　禹　蕊
责任校对　葛新霞　责任印制　禹　蕊
三河市双峰印刷装订有限公司印刷
2022 年 4 月第 1 版，2022 年 4 月第 1 次印刷
710mm×1000mm　1/16；8.5 印张；166 千字；129 页
定价 55.00 元

投稿电话　（010）64027932　投稿信箱　tougao@cnmip.com.cn
营销中心电话　（010）64044283
冶金工业出版社天猫旗舰店　yjgycbs.tmall.com
（本书如有印装质量问题，本社营销中心负责退换）

前　言

　　大数据、云计算、区块链等新一代信息技术正在以前所未有的速度改变着我们的工作和生活。利用大数据、云计算、人工智能技术，建设自动感知、采集、传输、处理、服务的全新地质矿产调查工作方式、服务方式与管理方式，已成为世界地质工作发展的潮流。在新时期的时代背景下，地质矿产勘查工作也面临着重大的变革，尤其是勘查手段与方法上，迫切需要技术创新，以满足勘查工作的需要，与时代发展更为契合，更好地促进我国地质矿产勘查工作的顺利开展。

　　近红外光（near infrared，NIR）是一种典型的电磁波，其波长范围在 780~2500nm 之间，这也是人类发现最早的一种电磁波。随着相关商品化检测设备的出现，如今近红外光谱技术（near infrared spectroscopy，NIRS）已经得到广泛应用，更是成为相当高效的现代分析技术，尤其是在高光谱遥感领域，近红外成像光谱技术已经成为遥感对地观测和地学信息系统领域观测、采集地面各类信息，特别是陆表矿物空间分布的有效手段。因此，对蚀变矿物的近红外光谱所蕴含的结构与化学成分信息展开研究，通过近红外光谱特征谱带表征变异特征分析蚀变矿物的分布、分带特征，初步探索一套利用近红外特征谱带，甚至高光谱特征光谱来进行矿物填图的方法，对于深入挖掘近红外光谱和高光谱图像数据的深层次信息、促进地质矿产遥感应用具有重要的理论意义和实用价值。同时，近红外光谱数据采集的方式方便灵活，可以在野外和室内开展，具有数据采集速度快、数据库构建效率高等优点，高光谱遥感数据更是以观测视野宽阔和数据量大为优势。因此，两种技术的结合又有利于机器学习等大数据处理方法的应用，可以大大提高地质矿产勘查工作的效率和效果。

　　本书结合作者承担的国家自然科学基金青年基金项目（41502312）

和中国地质调查局地质调查项目（1212011120900），以采集自青海东昆仑纳赤台地区、甘肃北山地区不同成矿带区各类岩性中的蚀变矿物为研究对象，针对蚀变矿物中各种特征官能团的近红外光谱吸收谱带，结合特征谱带组合反映的矿物组合信息，分别研究了不同地质背景和成因条件下矿床的近红外特征谱带组合及其矿物分布特征。

本书由西安建筑科技大学杨敏副教授和中国地质调查局西安地质调查中心任广利高级工程师共同完成。书稿由杨敏主笔，任广利对典型矿床地质矿产资料进行了归纳总结。

本书在撰写过程中吸收和借鉴了前人的研究成果，对于引用的资料，在参考文献中已注明，在此对文献作者表示感谢。

由于作者水平所限，书中难免有不妥之处，敬请读者批评指正。

作　者
2021 年 5 月

目　录

1 绪 论

<<<<<<<<<<<<<<<<<<<<<<<<<<<<<<<<<<<<<<<<<<<<<<<<<<<<<<<<<<<<<<<<<

1.1 地质矿产行业近红外光谱与遥感技术的发展

根据美国材料检测协会（American Society for Testing and Materials，ASTM）定义，所谓近红外区域，就是波长范围为 780 ~ 2526nm 的区间，而近红外光，则是一种处于该区间的电磁波[1]，是人类最早发现的非可见光区域，距今已经有近 200 年的历史[2]。1800 年 2 月，英国天文学家 Frederick William Herschel 偶然发现了近红外光，开创了光科学的新领域。早在 20 世纪初期，人们就已经选用测谱的方式，得到了有机化合物的近红外光谱（near infrared spectroscopy，NIRS），然后对相应基团的光谱特征进行了解释[3]，这使得近红外光谱完全可以对物质进行分析，相应的分析技术开始出现并得到发展。

在 20 世纪 60 年代，"遥感"作为一种综合性对地观测技术开始得到迅速发展，它目前有广义与狭义之分，遥感来自英语"remote sensing"，即遥远的感知，主要指的是通过无接触方式实现远距离探测的技术，譬如对力场、机械波与电磁场等领域的探测。通常，针对地震波、电磁场以及重力方面的探测方式，都被纳入地球物理探测领域，只有电磁波的探测，才会被纳入遥感领域。对于狭义遥感而言，通常指的是应用探测仪器，不接触探测目标，可以从远端将电磁波特性给予记录，然后借助于分析，得出相应物体的特征以及变化。

地学信息系统是基于传统的地理信息技术的理论和方法，面向地质学、地球物理学、地理学、遥感技术等多源数据，进行数据存储、统计、融合、分析、决策的信息处理系统。地学遥感技术是地学信息系统采集数据的主要手段之一，本书所研究的蚀变矿物近红外光谱属性应属于遥感地质学领域的基础理论。

遥感地质学，实际上是一种遥感技术与地球科学相结合的一门应用学科，尤其是理论建立在物理学电磁波谱作用于地质体的基础之上，而技术方法则涉及了多学科的交叉融合[4]。将物理、化学领域的波谱分析应用于遥感成像观测领域，可以分析遥感数据资料、解释地表形态与属性。其研究的目的是：有效识别地质体的物理性质和运动状态，为构造地质学、矿产勘查工程、区域地质调查、水工环地质调查监测等工作提供技术支撑[4]。随着 1982 年 Landsat TM 的发射成功，用多光谱数据记录多波段可见光 – 近红外光谱的信息，开辟了遥感地质探测、提取岩性信息的新时代[5]。学者们开始尝试使用多光谱图像记录的光谱信息区分不同岩石、矿物，并开展岩性、矿物填图的应用研究[6]。

遥感图像的成像波段，又受到大气层对电磁波吸收、散射等的影响，其观测波段多选择在大气层中透过率高的波段（即大气窗口）设置，因此遥感影像得到的光谱是间断的，而不是光谱仪采集到的连续谱。大气窗口（atmospheric window），也就是天体辐射可以穿透大气层的一些波段。因为地球外围所包裹的大气层，可以对各种辐射产生吸收以及反射、散射的效应，所以在大气层的保护下，只有某些波段的天体辐射，才能最终穿透大气层并抵达地面。根据所属区间，它可以细分成光学（可见光波段）、红外窗口和射电窗口。大气窗口是遥感观测的重要波段位置。目前在可见光 – 近红外遥感中常用的大气窗口有以下几种：

（1）300 ~ 1155nm，这个波段主要涵盖了部分的紫外光和近红外光，同时还包括了可见光。也就是紫外光、近红外光与可见光波段，这也是当前摄像最佳的波段，如卫星遥感成像，就常常使用该波段。譬如，Landsat 卫星，其 TM 传感器的 1 ~ 4 波段、SPOT 卫星的 HRV 波段等。电磁波在 300 ~ 400nm、400 ~ 700nm、700 ~ 1100nm 所对应的大气穿透率，分别超过了 70.0%、95.0%、80.0%。

（2）典型的近红外窗口，它的透过率在 60.0% ~ 95.0% 之间，其中在 1550 ~ 1750nm 之间，具有最高的透过率。如果白天日照条件较佳，那么在扫描成像时，就常用该波段，包括 Landsat TM 的 5b、7b 波段等，就可以对植物中的含水量、云等进行检测，也可以应用于相关的地质制图等。

（3）2000 ~ 2500nm，也属于近红外光窗口（或称为短波红外光窗口）。在此区间，穿透率约为 80.0%。例如，多光谱的 EO-1 ASTER OLI 以及高光谱 Hymap、SASI 等数据。

自 20 世纪 80 年代起，Alexander F. H. Goetz 领导的美国喷气实验室团队（Jet Propulsion Laboratory，JPL）设计出第一台 AVIRIS 成像高光谱仪[7]，并在 1986 年首次应用该仪器得到了机载高光谱图像数据[8]。高光谱遥感技术作为一种新的对地遥感观测技术得到快速发展。高光谱遥感设备一般设置数百个波段，在 0.3 ~ 2.5nm 波长区间，可以同时且连续成像，这样就能让光谱分辨率比多光谱更高，而地表上丰富的光谱与图像信息就可以被存储，借助于图像定标与光谱重筑等相关预处理技术，每个像元对应的地物都可以获得近似于实地近红外测试得到的光谱数据。所以，近红外高光谱手段所采集的成像光谱数据，能够以近红外光谱仪采集的近红外光谱数据为基础，进行地物成分（矿物、植被种类、水体成分等）的探测。目前遥感技术快速发展，它在陆面研究领域的作用日益突出，借助于遥感数据得到陆表成分信息，对陆面组成、结构、成分分布的探测已成为对地观测研究的热点，而研究矿物的近红外光谱谱带属性和变化规律也成为开拓高光谱遥感在地质学与对地观测技术方面应用领域和深度的基础性课题。

1.2 近红外光谱技术在地质矿产调查中的应用基础

遥感地质学经过半个多世纪的发展，已经形成一套涉及物理学、化学、计算机图形学、地质学等方面的多学科交叉融合技术。在可见光–近红外遥感技术的地质应用方面，前人做了大量的应用理论和调查应用工作，形成了区域尺度上应用卫星遥感多光谱数据（Landsat 系列、ASTER、WorldView-3 等）进行岩性识别分类、基团异常填图（碳酸根、羟基、铁染）、构造解译的成果[9~12]，以及在矿床尺度上应用机载高分辨率高光谱数据（Hymap、Aviris、CASI\SASI 等）进行更为详细的蚀变矿物（绿泥石、高岭石、绢云母等十多种矿物）填图工作[13~15]。为地质调查、矿产勘查工作提供了大量翔实的地表资料，降低了地质工作投入成本，提高了矿产勘查的工作效率[16]。加拿大阿尔伯塔大学、澳大利亚联邦科工组织则将成像光谱仪搬进实验室和矿物加工生产线，应用成像近红外高光谱技术进行钻探岩芯扫描、选矿厂物料质量扫描。对岩芯的矿物组成进行编录和分析，对选矿厂矿物原料进行有害矿物监测[17,18]。

热液蚀变现象是指在热液成矿作用下，近矿围岩与热液发生反应，而产生的一系列旧物质被新物质所替代的交代作用。围岩蚀变可产生在矿石沉淀之前、同时或之后，其结果使得围岩的化学成分、矿物成分以及结构、构造等均遭受到不同程度的改变，甚至面目全非。决定蚀变围岩的类型和蚀变作用强度的因素有：（1）围岩的性质，包括围岩的化学成分、矿物成分、粒度、物理状态（如是否受力破坏）、渗透性等；（2）热液的性质，包括热液的化学成分、浓度、pH 值、Eh 值、温度和压力条件，以及它们在热液作用过程中的变化。热液蚀变矿物中大多数含有 OH、CO、结晶水等特征基团，这些基团的分子振动具有近红外活性。因此，可以通过近红外光谱技术进行某些矿物学特征的分析和研究。表 1-1 是主要围岩蚀变类型与矿化种类的关系。

表 1-1　主要围岩蚀变类型与矿化种类的关系

围岩蚀变类型	常伴生的相关矿种
矽卡岩化	钨、锡、钼、铁、铜、铅锌、硅灰石、透辉石等
钾长石化	铌、钽、铍、锂、钨、锡、钼及稀土元素等
钠长石化	铌、钽、铍、稀土元素，钨、锡、金、铁、铜、磷、黄铁矿等
云英岩化	钨、锡、钼、铋、铌、钽、铍、锂等
绢云母化	金、铜、铅、锌、钼、铋、萤石、红柱石、刚玉等
绿泥石化	铜、铅、锌、金、银、锡、黄铁矿等
青磐岩化	铜、钼、铅、锌、金、银、黄铁矿等
黏土化	金、银、铜、铅、锌、高岭土、叶蜡石等
硅化	铜、钼、铅、锌、金、银、汞、锑、黄铁矿、明矾石、重晶石等

下面介绍几种围岩蚀变类型的组成与形成过程。

(1) 矽卡岩化：矽卡岩主要是由石榴子石、辉石及其他一些钙、铁、镁的铝硅酸盐矿物组成的岩石。它主要产生在中酸性侵入体与碳酸盐类岩石的接触带或其附近，在中等深度条件下，经气水热液的高温交代作用形成的。在矽卡岩中常见一些含挥发分的矿物，如方柱石、萤石、斧石、电气石、绿泥石、石膏等可被近红外光谱识别的矿物。

(2) 钾长石化：为钾离子交代的产物，包括微斜长石化、正长石化、透长石化和冰长石化。由于它们不易区别，且成分几乎完全相同，故统称为钾长石化。在与花岗岩有关的钨、锡、铍、铌、钽以及斑岩铜、钼矿床等的下部，经常发现有大规模的钾长石化带。低温热液的钾长石化，以冰长石化为主，多发生在中性、酸性火山岩中，也可在基性或酸性岩中发生，有时与青磐岩化有关。与其有关的矿产主要为火山岩中的一些金属矿床，钾长石化中的黑云母、角闪石、电气石、绿帘石等矿物可被近红外光谱识别。

(3) 钠长石化：是钠离子交代作用在与矿化有关的花岗岩中，钠长石化常发生在钾长石化之后，在钠长石化之后往往发育云英岩化。在这类交代蚀变花岗岩中，经常发生铌、钽、铍、稀土等矿化。在一些铁、铜矽卡岩矿床中，在内接触带上往往发育钠长石化。在青磐岩化岩石中，也常常有钠长石化的产生。钠长石化的主要矿物有绿帘石、碳酸盐矿物、黏土矿物、绿泥石、浅色云母、黑云母、硬石膏、阳起石等，可以被近红外光谱有效识别。

(4) 云英岩化：是发生在花岗岩类中的高温热液蚀变。在作用过程中，常有氟、硼、水等挥发组分和金属元素参加。云英岩化除产生主要特征矿物石英和白云母外，还可有锂云母、黄玉、电气石、萤石、绿柱石以及黑钨矿、锡石、辉钼矿等。云英岩化和钾长石化、钠长石化在成因上密切相关，因此在蚀变岩体中，常可见到它们共生。根据云英岩的主要矿物含量，可划分为富云母云英岩、富石英云英岩、黄玉云英岩、萤石云英岩与电气石云英岩等类别或岩带。云英岩化常与钨、锡、钼、铋、铌、钽、铍、锂等矿化有关，其中白云母、锂云母、电气石等是具有近红外光谱活性的矿物。

(5) 电气石化：在非碳酸盐中硼的交代作用表现为电气石化。电气石的成分变化较大，是一种主要含镁、铝、铁，其次是钠、钙和锂等组成的复杂硼铝硅酸盐矿物。电气石化岩是一类分布较广和常见的交代蚀变岩，电气石化常见于钨、锡、硼、铜、铁、黄铁矿及金等矿床中。

(6) 黑云母化：常见于中－高温热液交代蚀变，黑云母化包括黑鳞云母及绿云母化等含铁、镁较高的云母类的蚀变作用。黑云母化的岩石类型有很多种，包括黑云母岩、黑云母－石英岩、黑云母－白云母岩、黄玉－石英－黑云母岩、电气石－黑云母－白云母岩、黄铁矿－黑云母岩等。在斑岩铜钼矿中，黑云母化现象十分普遍。在矽卡岩型铁、铜矿床中，围岩是非碳酸盐岩层，特别是泥质岩时，黑云母化现象较典型。

（7）黄玉化：属于高温热液交代蚀变作用，由花岗岩交代而成的含黄玉岩石比较常见。泥质岩石容易发生黄玉化，碳酸盐岩一般不发生黄玉化。与黄玉化有关的矿床有钨、锡、铍等。共生的矿物有白云母、绢云母、萤石、电气石等，具有明显的近红外光谱特征谱带。

（8）绢英岩化：是一种常见的中 - 低温热液蚀变，在中性和酸性火成岩及板岩等富铝岩石中最常见。单矿物的绢云母岩比较少见，绢云母化常伴随有石英和黄铁矿的产出，因而可称为绢英岩化。若黄铁矿含量超过5%时，则称为黄铁绢英岩化。绢英岩化与云英岩化过程在本质上相同，只是后者形成温度较低，它们之间可存在过渡关系，表现为局部云英 - 绢英岩化。在金、铜、铅、锌、钼和铋等，以及萤石、红柱石、刚玉等矿床中常见绢英岩化现象。其中，绢云母矿物的近红外特征比较明显，随着形成温度 - 压力条件的不同，其特征谱带也呈现规律性变化。

（9）绿泥石化：是一种重要的低温热液蚀变作用。与绿泥石化有关的原岩主要是中性 - 基性的火成岩，部分酸性火成岩和泥质岩石也可产生绿泥石化。在围岩蚀变过程中，绿泥石主要由富含铁、镁的硅酸盐矿物经热液交代蚀变而成，也可由热液带来的铁镁组分与一般的铝硅酸盐交代反应而成。与成矿作用有关的绿泥石化，多与其他热液蚀变作用共生，很少单独出现，与其有关的矿产主要是铜、铅、锌、金、银、锡和黄铁矿等热液矿床。

（10）硅化：使围岩中石英或隐晶质二氧化硅含量增加的一种蚀变作用。二氧化硅一般是由热液带入，也可由长石或其他矿物经蚀变后形成。硅化几乎在任何岩石中都可发育，从高温到低温条件下均可产生。由于硅化可以在广泛的环境中由热液作用形成，因此硅化常与其他蚀变，如绢云母化、绿泥石化、泥化、长石化等共生。不同性质的围岩都可发生硅化，其中以火山岩和灰岩最为常见，而超铁镁岩的交变石英岩化现象较少见。与硅化有关的矿床很多，其中主要是铜、铅、锌、钼、钨、金、锑、汞、明矾石、重晶石矿床等，大都是中、低温热液矿床的硅化，有时候沿着断裂带可形成巨大规模的硅化带。硅化蚀变的矿物主要为石英，其在近红外光谱波段范围内不具有活性，因此硅化只能采用中红外和热红外传感器进行探测。

（11）青磐岩化：主要是安山岩、玄武岩、英安岩及部分流纹岩，受中、低温热液作用产生的，一般是在近地表条件下形成。青磐岩化产生的特征矿物为绿帘石、绿泥石、钠长石和碳酸盐（方解石、白云石、铁白云石等），可有少量的绢云母、黄铁矿和磁铁矿。与青磐岩化有关的矿床有斑岩铜、钼矿床、热液黄铁矿床、多金属矿床、金银矿床等，其中碳酸盐矿物、云母类、绿帘石、绿泥石等矿物具有近红外光谱活性。

（12）碳酸盐化：碳酸盐化作用在中 - 低温热液作用过程中更为常见。碳酸盐矿物种类很多，在交代蚀变岩中见到的碳酸盐包括钙、铁、镁等各种碳酸盐，如方解石、白云石、菱镁矿、菱铁矿、白铅矿、菱锰矿等。碳酸盐化主要包括方解石化、白云石化、菱镁矿化、菱铁矿化等，其中以方解石化最为普遍。与碳酸盐化有关的矿床种类很多，如产在碳酸盐岩中的铅、锌、银、铜、锑、钨、锡、铁、重晶石、萤石、菱铁矿等矿床；产在超基性、碱性岩中的矿床，如稀土、铌、铁和钛等矿床中的碳酸盐化十分常见；还有就是与弱酸性、中性、基性岩的碳酸盐化有关的矿床，如铁、铜、铅、锌、黄铁矿等矿床。大部分碳酸盐矿物均可采用近红外光谱进行识别。

（13）叶蜡石化：是一种强烈的酸性淋滤作用过程的产物，主要表现为原岩中硅酸盐和铝硅酸盐矿物的强烈分解。这种过程中除了形成叶蜡石外，还形成氧化铝矿物（刚玉）和氢氧化铝矿物、硅酸铝矿物、硫酸盐，其他伴生矿物有石英、绢云母、黄铁矿、赤铁矿等。与这些交代蚀变有关的矿床除了叶蜡石矿和刚玉矿外，还有黄铁矿、萤石和明矾石矿等非金属矿床，金属矿床如斑岩铜矿、多金属硫化物矿床、金 - 银矿床等。

（14）硫酸盐化：包括明矾石化、重晶石化、石膏化以及黄钾铁矾化等各种硫酸盐类的交代蚀变作用，是一类近地表和中 - 低温热液交代作用。硫酸盐化除本身就可以形成明矾石矿和重晶石外，还与"玢岩铁矿"、斑岩铜矿、陆相和海相黄铁矿型矿床以及铅锌矿床等有成因联系。与火山作用有关的明矾石化常与叶蜡石化、水铝石化和刚玉化共生，这可作为寻找黄铁矿、含金 - 铜 - 黄铁矿以及斑岩铜矿的标志。硫酸盐矿物中的含水硫酸盐因为结构水中的羟基基团可以被近红外光谱识别。

（15）蛇纹石化：是含水的镁硅酸盐矿物。易被蛇纹石化的岩石最主要的有超铁镁火成岩如橄榄岩金伯利岩及辉石等、含镁高的碳酸盐岩石如白云岩、白云质灰岩以及菱镁矿化的岩石等，与蛇纹石化有关的矿床种类有铜、铅、锌、镍、金、铀、硼、菱镁矿和金云母等。有时镁质碳酸盐地层的蛇纹石化，除了指示寻找硼矿、白云石和菱镁矿外，也是寻找矽卡岩型铁、铜、钼等矿床的重要线索。蛇纹石中四面体层和八面体层由 OH—O 连接，该基团具有近红外活性，使得蛇纹石能够被近红外光谱识别。

（16）萤石化：萤石是一种常见的蚀变矿物，在一些中、低温热液矿床的围岩中，萤石化较常见。通常最易发生萤石化的岩石是改造型花岗岩及其附近的灰岩。在与改造型花岗岩有成因联系的流纹岩等酸性火成岩系中，易形成萤石矿脉，脉旁的萤石化也较常见，但分布范围较窄。沿着碳酸盐地层发育的萤石化岩可作为寻找铅、锌、锑等低温铅锌矿床的参考标志。在花岗岩外接触带的碳酸盐岩石中，萤石化可形成萤石矿。

（17）泥化（黏土化）：可进一步划分为深度泥化和中度泥化两类。1）深度泥化蚀变：特点是含有特征矿物地开石、高岭石、叶蜡石和石英，常伴有绢云母、明矾石、黄铁矿、电气石、黄玉、氟黄晶和非晶质的黏土矿物，是一种蚀变比较深的类型。当岩石中的铝被大量淋出，蚀变就过渡为硅化；随着绢云母含量的增加，则过渡为绢云母化。2）中度泥化蚀变：中度泥化岩石中，以高岭石和蒙脱石类矿物占优势。它们主要是斜长石的蚀变产物，通常呈带状，向外可过渡为青磐岩化，向内（矿脉方向）过渡为绢云母化。易受泥化的岩石主要为基性、中性、酸性火成岩，尤以火山岩最为发育。深度泥化常构成某些铜、铅、锌矿蚀变的内带。中度泥化分布较广泛，与金、银、铜、铅、锌矿化有关。大多数黏土矿物均含有 OH 基团，该基团在近红外光谱上可显示不同的特征谱带。

在可见光-近红外光谱的数据研究方面，美国地质调查局（United States Geological Survey，USGS）建立了世界上矿物种类最齐全，数据量多，内容最丰富（涵盖矿物成分、近红外光谱、红外光谱）的可见光-近红外光谱库[19,20]。另外，美国喷气实验室（JPL）、约翰-霍普金斯大学也建立了自己的矿物光谱库，但矿物种类不及 USGS 光谱库。现有大多数面向遥感领域的光谱数据研究大多建立在 USGS 光谱库的基础上。在传统的光谱遥感和光谱岩芯扫描领域，其应用理论基础主要是以 USGS、JPL 等光谱库为标样，在经过光谱重建的多、高光谱图像上进行光谱匹配，光谱匹配的方法很多，包括光谱信息散度（spectral information divergence，SID）、光谱角分类（spectral angle mapping，SAM）、线性波段拟合（least squares-fit，LS-Fit）、匹配度滤波（matched filtering，MF）、波谱线性分离（linear spectral unmixing，LSU）、能量最小约束（constrained energy minimization，CEM）、调谐混合匹配度滤波（mixture tuned matched filtering，MTMF）等方法[21,22]，最后得到各类矿物在图像上的分布图斑。这种技术实现了利用非接触获取的图像数据进行矿物种类识别的功能，提高了地质调查、钻孔编录，甚至选矿冶炼前期的工作效率。但是，对于矿物更进一步的信息，例如：矿物亚类的识别、矿物中某些类质同象成分的差异等，不能充分地探测和挖掘。

据此，一些学者针对蚀变矿物的近红外特征谱带与矿物亚类及类质同象成分的关系进行研究。Duke 研究发现美国达科塔的绢云母矿物的 2210nm 附近的特征谱带出现介于 2199～2217nm 的位移，并利用电子探针采集了 Fe、Mg、Al^{VI}、Si 的关系，建立了四种元素之间的类质同象关系[23]；回归总结出特征谱带位置与 Al^{VI} 含量的回归方程，为高光谱技术提取绢云母的细微变化提供了理论依据。Petit（2015）对蒙皂石（Smectite）的近红外吸收谱带研究认为，2207nm 附近的蒙皂石特征峰为 Al_2—OH 的伸缩振动和弯曲振动基频吸收峰的组合频吸收峰，其波长位置与 Al 含量呈相关关系[24]。以上研究丰富和发展了热液蚀变矿物的近红外光谱细部特征，为进一步挖掘高光谱技术对矿物细部填图领域的应用提供理论基础。

1.3　国内外矿物近红外光谱机理的研究概况

所谓光谱学，就是分析光与地物之间的相互作用，进而对形成的辐射谱带加以研究，最终实现通过谱带的表征进行物相反演的一门学科。根据光谱学原理，可以结合矿物所产生的光谱特性来对其构成成分、晶体结构进行分析，这种方法虽然出现得较早，但是至今依然有着较大的应用空间。这种方法可以对矿物与岩石的光谱特性进行系统研究，也为目前的高光谱遥感技术的发展打下了良好基础。

1.3.1　矿物光谱吸收过程

物体的光谱属性和它的内部成分、结构及其理化属性关系密切，包括某些含铁、含碳氧基、含羟基矿物，其光谱主要是由其内部的电子跃迁、晶体场效应的相互作用，以及它的分子键的振动能级跃迁决定，对于前者的相互作用，主要是因为电荷的转移、晶体场的作用以及色心的影响等。其中，离子能级的跃迁，会使得吸收特征出现改变，由此带来相应的晶体场作用。而反射光谱，主要是因为矿物个体的差异所致，与具体的粒径没有关联。在晶体场作用环节，铁离子作用显著。它不仅在地球上广为存在，而且 Fe^{2+} 与 Fe^{3+} 可以置换自然界中的 Mg^{2+} 与 Al^{3+}，此时，电子从其中的一个原子迁往另一个原子，便会对光谱带来影响。譬如，Fe—O 的电子转移，就会导致光谱吸收位置朝着紫外光方向偏移。而反射光谱所对应的吸收边缘，则受到半高宽的影响，入射的光子必须要有足够的能量，使得价带电子进入到导带区，然后在波长方向，反射光迅速增加，与带隙能量具有关联性。譬如，某些物质存在着离子缺失结构，那么此时就会捕获电子，CaF_2 中的 F^- 丢失，就能被相关的电子取代，此时，就会带来红绿光吸收，由此产生紫色光，进而构成色心。物质的分子振动，也会对光谱属性带来影响。根据经典力学观点，分子振动可以使用基频、合频与倍频等频率来进行描述。分子之间的双原子伸缩振动，就是振动基频，因为原子之间的不协调振动，相应的分子就能够根据基频的整数倍进行振动跃迁，这就是所谓的分子振动的倍频。而如果分子存在着数种频率的振动，那么在某种条件下产生了耦合效应，由此生成的最终频率，就是组合频[25]。通常，固体物质的振动，波长处于超过 2500nm，而 Si—O 与 Al—O 分子的振动，其波长区域约为 10000nm。水分子有三种振动波长，分别为 2660nm、2740nm 与 6080nm。正是这些物质在微观形态上的差异，才使实现光谱遥感技术具备物理基础。

1.3.2 常见热液矿物的光谱特征

前述矿物近红外光谱吸收机制主要有两种：一种是金属阳离子在可见光区域的电子过程；另一种是阴离子基团在近红外区域的振动过程。对于蚀变矿物而言，其可见光 – 近红外区域，对应的官能团主要包括 OH^-、CO_3^{2-}，Fe^{2+} 与 Fe^{3+} 等。

对于铁离子而言，其光谱吸收特征为：铁为地壳中广为存在之物，其光谱吸收特征属于典型的晶体场效应，所以，有关该离子的光谱吸收峰，就成了矿物光谱分析较为常用的波段。其中，Fe^{3+} 与 Fe^{2+}，对应的特征吸收峰分别为 $0.6 \sim 0.8\mu m$、$0.9 \sim 1.5\mu m$，具体数据如图 1-1 所示。

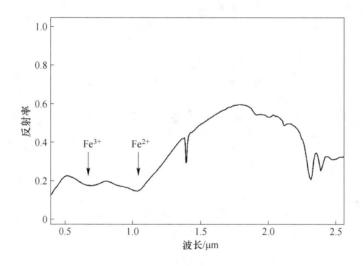

图 1-1　含铁矿物（阳起石）岩矿光谱示意图

对于羟基阴离子基团而言，其光谱吸收特征为：基团中的分子振动，并不是典型的简谐振动，而是一种非谐振子。因此，除基频跃迁外，也就是 2770nm 的伸展振动之外，还有另外一种跃迁，那就是从基态跃迁至第二激发态，由此便会形成一级倍频吸收峰（2ν）。这表明，可见光 – 近红外光谱的倍频吸收特征位于 1400nm 处，所有含水矿物，内部都有羟基基团，它们在 1400nm 与 1900nm 附近区域，皆有吸收峰。

（1）吸附水：属于孤立水分子，具有吸收弱、谱带宽缓等属性。譬如蛋白石，也就是 $SiO_2 \cdot 2H_2O$，其中吸附水会填充于球粒孔隙之中，对应的吸收峰分别为 1414nm 与 1924nm。

（2）晶格水：具有吸收强、谱带具有一定的宽缓性。譬如石膏，其中在 SO_4^{2-} 与 Ca^{2+} 之间通过水连接，由此构成双层，对应的吸收峰分别为 1444nm、

1747nm、1935nm 与 2216nm。此时，层间水处于整体结构层，由此构成连接层，对应的吸收峰分别为 1424nm、1915nm 与 2135nm。而结构水参与晶格，此时的位置固定，譬如高岭石，它的吸收峰分别为 1403.5nm、1825nm、1905nm、2205nm、2315nm 与 2375nm。

对于 OH—基团而言，它的吸收光谱特征为：主要有 2210nm 与 2340nm 附近区域的 Al—OH 与 OH—，这种矿物的近红外光特征，其吸收峰主要通过 M—OH 键的弯曲与非谐振动所对应的合频所形成。

对于 Al—OH 矿物而言，其显著特征吸收峰主要处于 2150～2220nm 区域内，是最大吸收峰，另外在其两侧，还存在着显著的次一级吸收峰，因此会构成相应的二元结构，如图 1-2 所示。针对那些含有 OH—的矿物，其吸收特征见表 1-2。

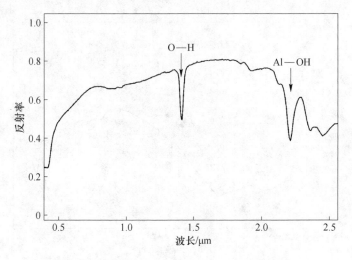

图 1-2　绢云母（OH—、Al—OH）光谱示意图

表 1-2　几种常见的 Al—OH 矿物吸收峰位置　　　　　　　　（nm）

矿物	锂绿泥石	明矾石	伊利石	蒙脱石	叶蜡石	黄玉	高岭石	白云母	埃洛石	累托石
特征吸收峰	2176 2366	2166 2326	2216 2356	2206 2216	2166 2316	2086 2156 2216	2206 2166	2196 2226 2356	2216 2356	2196

2340nm 附近的 OH—矿物最显著的吸收峰在 2300～2390nm 附近区间，如图 1-3 所示。含有这种羟基的矿物吸收峰位置见表 1-3。

表 1-3　几种常见的 Mg—OH 矿物吸收峰位置　　　　　　　　（nm）

矿物	黑云母	锂皂石	滑石	透闪石	金云母	蛇纹石	水镁石	阳起石
特征吸收峰	2336	2306	2316	2316	2326	2326	2316	2316

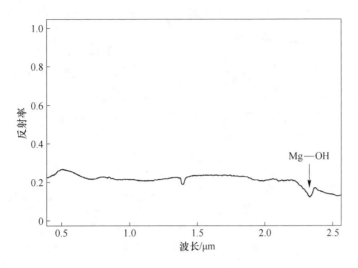

图 1-3　蛇纹石（Mg—OH）光谱示意图

对于碳酸根基团而言，它的光谱吸收特征为：该离子基团的振动吸收峰，处于 5130~6450nm 区域，而在 1880nm、2000nm、2160nm 与 2350nm 这几个附近区域，显示有 4 个二级倍频吸收峰。在 2350nm 附近的吸收峰，称为主吸收峰。它存在着左缓右陡的外形，如表 1-4 和图 1-4 所示。

表 1-4　主要碳酸盐岩吸收峰位置

结构类型	晶体结构	矿物	化学式	$w(CO_3)$ /%	特征谱带波长/nm				
					1	2	3	4	5
孔雀石族	单斜晶系	孔雀石	$Cu_2(CO_3)(OH)_2$	19.90	2205	2356	2216	—	2286
		蓝铜矿	$Cu(CO_3)_2(OH)_2$	25.53	—	2366	2206	2417	2266
方解石族	三方晶系	菱铁矿	$FeCO_3$	37.99	—	2346	1926	2527	—
		菱锰矿	$MnCO_3$	38.29	1896	2366	2006	—	2176
		方解石	$CaCO_3$	43.97	1876	2336	1996	2527	2166
		白云石	$CaMgCO_3$	47.33	1866	2316	1986	2527	2146
		菱镁矿	$MgCO_3$	52.19	1976	2306	1916	2495	—
文石族	斜方晶系	毒重石	$BaCO_3$	22.30	1916	2385	2046	—	2206
		菱锶矿	$SrCO_3$	29.81	1883	2346	2016	—	2176

1.3.3　国内外蚀变矿物近红外光谱研究进展

近红外光谱（near-infrared spectroscopy，NIRS）属分子振动光谱，是基频分子振动的倍频与合频，可用于揭示丰富的氢基团（C—H、O—H、S—H、N—H

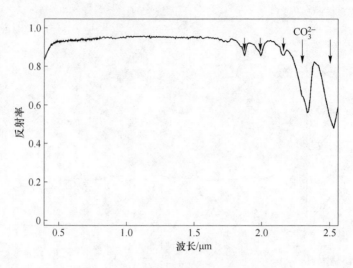

图 1-4　方解石（CaCO$_3$）光谱示意图

等）和金属阳离子（Fe^{2+}、Fe^{3+}等）的特征信息。其中，吸收谱带归属及变化规律是近红外分析领域的热点与难点。NIRS 分析技术具有分析速度快、成本低、无须处理样品等优点。目前，绝大多数高光谱成像设备，包括 AVIRIS，Hymap，CASI/SASI，Hyperion 以及我国的天宫一号，波段设置都在可见光—近红外区域，而在地质应用中，相当一部分蚀变矿物的特征谱带都出现在近红外波段内。因而，研究蚀变矿物的近红外光谱谱带归属和变化规律已成为促进高光谱技术应用的基础理论保障。

　　西方发达国家在近红外光谱分析方面的研究起步较早。美国学者 John B. Adams 等发现岩石碎末在 400 ~ 2000nm 波长范围内不同波段反射率的比值运算可以区别矿物种类[26]。Robert B Singer 认为铁离子在 0.9μm 处的吸收特征有利于辨别褐铁矿化[27]。Denni Krohn 归纳了氨基矿物的标志性光谱特征，并在野外实践中应用[28]。20 世纪 60 ~ 80 年代，各学者通过归纳矿物的特征谱带，成功识别出一些典型蚀变矿物，开启了近红外光谱技术在矿物分析领域的先河。进入 90 年代以后，部分学者进一步开始探索近红外光特征谱带所反映的矿物结构信息。James K. Crowley 提出岩类的诊断性吸收谱带与结晶的结构水有关[29]。James Post 等人认为，绢云母、蒙脱石、伊利石以及高岭石矿物的 Al$_2$O$_3$ 含量与近红外光谱吸收谱带的位置有较好的线性关系[30]。Ray L. Frost 等人研究发现，绿脱石中 AlFeOH 基团的吸收谱带出现在 7055 ~ 7098cm^{-1}，FeFeOH 基团的吸收谱带出现在 6958 ~ 6878cm^{-1}，与水相关的吸收谱带出现在 6800cm^{-1}附近[31]。随着近红外光谱技术和仪器的成熟化和商业化，许多学者尝试将近红外光谱分析技术应用于地质勘探，尤其是热液蚀变研究。澳大利亚 Kai Yang 等人在 Wairakei 地区进行了野外近红外光谱的钻探岩芯测量，得到了绿帘石、伊利石、蒙脱石、绿泥石等矿物在蚀变带中的分布规律[32]。荷兰学者 Ruitenbeek 等人深入探讨了西澳大利亚 Panorama 地区蚀变火山岩的近红外光谱特征，建立了近红外光谱的白云母指数计算方法，用于指示含 Al 热液的运移路径[33]。由此可见，现阶段国外近红外矿物分析领域的研究重点是矿物种类的鉴定、进行蚀变带划分和推测热液侵入过程。

我国的近红外分析技术的研究起步较晚。20 世纪 90 年代初，国外的 ASD、IRIS、PIMA 等光谱仪才引进我国，一些学者在国外近红外矿物分析技术的基础上进行应用研究。包安名等人得出了火山岩光谱特征与化学成分相关、变质岩光谱特征与母岩关系密切的结论[34]。张宗贵采用美国 IRIS 光谱仪建立了区分不同黏土矿物的波谱编码方法[35]。章革等人采用澳大利亚 PIMA 光谱仪指示与成矿有关的蚀变矿物组合[36]。直到 2005 年后，我国自主研制的近红外光谱分析仪才逐渐见于国内报道。吉林大学王智宏等人为野外现场矿物分析研制出一套小型化近红外反射光谱仪，其实验对比表明该仪器主要技术指标已经接近国外同类产品的水平[37~39]。南京地质矿产研究所修连存等人研制出光谱范围在 $1.3 \sim 2.5\mu m$ 的 BJKF-I 近红外光谱矿物分析仪，该仪器的技术指标已经达到国际上同类仪器的水平[40~43]。近年来，随着国产仪器的研制成功，蚀变矿物的近红外光谱分析应用研究逐渐增多。孟恺等人利用 BJKF-I 型近红外矿物分析仪勘查了毕利赫金矿区的蚀变矿物，并依据其特征吸收峰峰位和强度判断蚀变矿物的分布特点[44]。张建国等人在青海省阿尔金黄石山地区进行了近红外蚀变矿物填图，建立了蚀变矿物分带模型[45]。孙莉等人对土屋铜矿的探槽样品和钻孔样品进行红外光谱测试，建立该矿区近红外光谱找矿模型[46]。周轶群、胡道功使用南京地质矿产研究所开发的 BJKF-II 近红外光谱仪对五龙沟金矿区蚀变带进行光谱测量，为该区的金矿勘探指明了方向[47]。综上所述，近红外光谱技术在我国的矿物学应用主要是服务于成矿区带，查明蚀变矿物分布和分带，为找矿勘探提供数据支撑。通过国内外研究对比，近红外光谱分析已经能够为找矿勘探提供典型的蚀变矿物种类和矿物组合资料，该项技术正在地质领域发挥越来越重要的作用。

1.3.4 国内外近红外光谱处理技术的发展

由于近红外漫反射光谱谱带都很宽且不同属性的峰重叠普遍，这个原因曾经限制了近红外光谱技术的应用。近红外光谱技术的应用是从分析有机物开始的。Norris 对谷物分别运用单波长与多波长多元线性回归法，对其进行了定量分析，然而，由于波长参数，会受到相应滤光片数量的制约，常常在一些测试中出现较大的误差[48]。从 20 世纪 10 年代开始，在近红外光谱硬件技术发展的同时，欧美的 Wold 和 Kowalski 创立了化学计量学学科，特别是学者 Kowalski，以华盛顿大学为基地，开展相应的分析仪器与过程自动化研究[49]；以他为首的团队，在研究中将统计学、计算机与数学进行了有机地融合，从测得的近红外光谱数据中提取更多的有用信息。在此期间，因子分析技术的实用化，无疑是最为重要的研究成果，在此技术之下，可以将大量数据通过坐标转换方式，从而实现数据维度的下降，从而大大降低相关信息的重叠效应。其中，颇为典型的应用，就是所谓的主成分分析法。光谱数据借助于该变换之后，就能够和因变量回归，进而得出校正系数矩阵。以主成分回归为基础，进一步出现了偏最小二乘法（partial least squares regression，PLSR）；在此方法之下，可以对光谱矩阵进行降维，与此同时，还能将因变量信息引入其中。目前来看，PLSR 方法在 NIRS 定性定量分析领域，已经是最为常用的方法，而且目前很多商业化系统都融合了这种建模方法。如果校正样本中存在着误差样本，或者其中部分的样品性质，超过了校正样本的范围，那么使用该方法就会面临较大的误差。所以，一些学者开始研发更为可靠精准的模型，譬如稳健偏最小二乘法，就能够对一些奇异值进行相应的控制，使得影像效果得到显著提升。因为其中的某些因变量与光谱间存在着非线性关系，自 90 年代中期之后，这种非线性校正技术在光谱分析领域的应用开始日益增多。尤其是人工神经网络在此领域开始发挥重要作用。而且这种技术在其他应用领域也取得了较好的效果。譬如燃油燃点与相关的光谱性质的关系，即使光谱受到一些外部环境的干扰，它依然能产生较好的效果。1994 年后，以拓扑计算方法为基础的模式识别技术逐渐普及，但这种方法的适用性也受到限制，其指导思想是计算待测样品的近红外光谱与标样光谱库的近红外光谱之间的差异，用欧氏距离（euclidean distance，ED）、最小二乘距离（least squares distance，LSD）等指标选择最接近的样品集，计算其均值，进而得到未知样品的属性。在定性分析领域，包括模式识别（pattern recognition，PR）、主成分分析（principal component analysis，PCA）、马氏距离（mahalanobis distance，MD）等方法得到广泛应用，而且随着相关测试技术的发展，这些方法也取得快速发展[50]。

　　NIRS 分析技术，离不开数值分析、计算机、软件等技术的支持，从最初的线性分析技术，到非线性，再到如今的在线云计算技术，都在此领域得到很好的应用。然而想要选择最优的数据处理方法，通常会受到样品属性以及相应的测试条件的限制[51]。

　　对国内外研究进行对比分析可知，NIRS 分析技术，从最早的线性统计模型到最近几年流行的线性－非线性组合模型，已经能够为黏土矿物蚀变带调查提供比较可靠的预测模型资料。目前，该项技术正在地质学与矿床学领域发挥越来越重要的作用。

　　近红外光谱分析的优势主要表现在对样品要求低、无须制样，测量数据快，能进行现场定性分析，其光谱分析理论可用于高光谱遥感数据处理。但是，与传统矿物分析方法相比，这种方法也存在着分析准确度不高，不能满足定量分析要求的缺点。

1.4 小结

　　近红外区域是人类最早发现和研究的不可见光区域，该波段范围的光谱对含氢基团和含碳基团具有比较敏感的作用。早期由于仪器设备技术的限制，采集的近红外光谱数据信噪比较低，技术发展滞后于中－远红外光谱技术。随着硬件设备的不断进步，如今这种技术已经广泛应用于纺织、农业，食品、石油以及地质矿产等诸多领域。近红外光谱是 20 世纪 90 年代以来发展最迅速的一种光谱分析技术，是一种可以广泛应用于各个行业的"绿色""无损"新兴分析技术。现代近红外光谱主要依靠着分析速度较快、成本较低、效率较高、稳定性较好等特点成为在线分析的一种便捷有力工具。利用近红外光谱识别地质矿物的主要原理是：由于自然矿物结晶产物的原子之间连接的化学键发生弯曲、伸长收缩或跳跃式吸收一些其他区域的光能，生成吸收谱峰，利用地质矿物中一些功能团的位置、形貌特点对地质矿物的品种进行分类，实现地质矿石的结晶程度和其中所含有的元素所占百分比的分析研究等。另外，近红外光谱范围内存在着多处大气窗口（波段范围：$1.3 \sim 1.5 \mu m$，$1.7 \sim 2.0 \mu m$，$2.4 \sim 3.3 \mu m$），相当一部分航空、航天遥感传感器都具备这些波段，使得遥感－近红外技术结合成为地质矿产调查工作的新方法。这一特点为野外勘探地质矿物的研究人员提供了便捷的帮助。

2 岩矿光谱数据采集及处理方法

<<<<<<<<<<<<<<<<<<<<<<<<<<<<<<<<<<<<<<<<<<<<<<<<<<<<<<<<<<<<<<<<<<

地面光谱测量是航空成像光谱数据应用与评价的重要工作内容，目的是确定可以进行光谱区分的矿物种类以及分析岩石光谱与岩性的关系，为航空成像光谱数据提供一定的地面光谱数据支持。同时，为后期航空成像光谱数据的预处理，蚀变矿物信息的提取均有指导意义。

2.1 光谱测量仪器的技术参数

测量采用的地面光谱仪为美国 ASD 公司的 FieldSpec 3 Pro FR 光谱仪，其主要技术指标见表 2-1。

表 2-1 **FieldSpec Pro FR 主要技术指标**

光谱范围/nm	$350 \sim 2500$
光谱分辨率/nm	3（$350 \sim 1050$），10（$1050 \sim 2500$）
光谱采样间隔/nm	1.4（$350 \sim 1050$），2（$1050 \sim 2500$）
采样时间/ms	100
视场角/(°)	1、5、8、25 可选

该光谱仪的主要特点是：光谱分辨率高，在 $350 \sim 1050$nm 范围内光谱分辨率为 3nm，$1050 \sim 2500$nm 范围内光谱分辨率为 10nm；采样时间短，最快采集速度为 10 次/s，约 17ms；波长精度较高，为 ±1nm；重复性好，其性能优于 0.3%；杂散光较低，$350 \sim 1000$nm 范围内优于 0.02%，$1000 \sim 2500$nm 范围内优于 0.1%；噪声水平较低，ASD 仪器的标准噪声水平一般在 10^{-8} 以下；携带方便，利于野外作业，仪器质量小于 8kg。采用野外实地光谱测量，探头离地面约 1.2m，视场角选择 5°探头，视场范围约 $0.96m^2$，与大多数成像高光谱设备的观测尺度（空间分布率）大致相当。

2.2 岩矿光谱数据采集

2.2.1 地面光谱测量的观测内容及技术流程

地面岩矿光谱测量的主要工作包括：利用地面光谱仪采集岩矿反射率曲线、光谱采集点 GPS 定位、光谱采集点岩性和赋存空间的描述、光谱采集点拍照等，其野外工作光谱测量记录如图 2-1 所示。

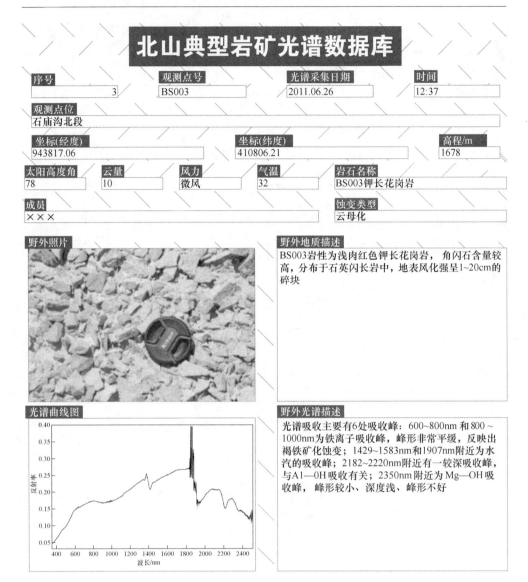

图 2-1　实地地面光谱测量记录

岩矿光谱测量是对航空成像飞行区范围内的岩石、蚀变矿物、构造带等开展地面光谱测量，重点关注成矿、导矿与赋矿要素。同一测量点选择新鲜面和风化面各测量一组光谱数据，每组光谱数据测 10 条曲线，同时采集规格为 3cm × 6cm × 9cm 岩矿捡块样。

地面高光谱测量布线将主要沿有通行条件的横切各地质体的方向布设。光谱测量点为路线两侧典型的地质体，测量内容以岩矿光谱测量为主，包括不同岩性组合或岩性段、标志层、矿体、赋矿带、蚀变带等均做光谱测量，同时各测量点采集标本 1～2 块并采集照片 2～3 张，观测描述除光谱及其环境参数外，还包括测量点岩性、构造和遥感影像特征。测量的同时对沿线的地质形迹（断层、褶皱等）做相应的简要观测和描述。

地面岩矿光谱测量流程，如图 2-2 所示。

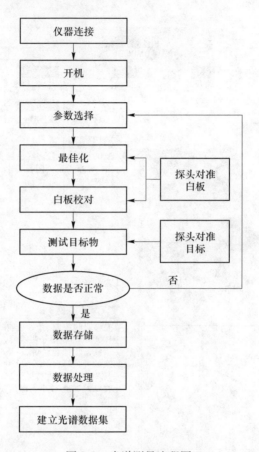

图 2-2　光谱测量流程图

2.2.2　典型矿床蚀变矿物光谱测量方法

对于工作区内工作程度较高的已知矿床，选择部分剖面进行系统采样并系统测量其蚀变矿物分布。测量内容包括两方面：

（1）选择典型矿点进行蚀变矿物的光谱短剖面测量，剖面垂直于矿体的走向布置，沿线采集不同蚀变类型的光谱曲线，剖面布设如图 2-3 所示。

（2）对有探槽揭露的矿体，沿着探槽侧壁或底部进行矿物光谱测量。用它和地面蚀变矿物分布规律进行比较，寻找地表次生氧化蚀变与下伏矿体之间存在的对应关系。

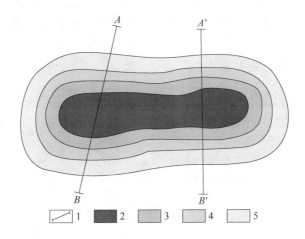

图 2-3　典型矿体蚀变矿物光谱段剖面测量示意图

1—剖面；2—矿体；3—内蚀变带；4—中蚀变带；5—外蚀变带

2.2.3　建立地面岩矿光谱数据集

为实现各种地物光谱数据的分类归纳及后续的数据处理分析奠定基础，光谱数据集采用 ENVI 软件的 Lib 格式，效果如图 2-4 所示。

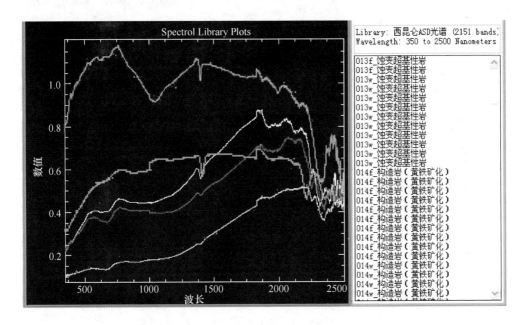

图 2-4　地面岩矿光谱卡片示意图

为了保证光谱数据的完整性，便于结合地物化遥数据开展工作区的综合研究、空间分析和找矿预测，研究成果拟采用 MAPGIS 平台，测量点属性数据集采用 ACCESS 完成属性录入，并与测量点图形数据关联，便于浏览查询。初步设计地面光谱测量点属性结构见表2-2。

表2-2　地面岩性光谱测量点属性结构表

序号	属 性 名 称	属 性 内 容	备 注
1	编号	光谱测量点位编号	自定义编号
2	测量时间	测量时间记录	
3	太阳高度角	记录测量时的太阳高度角	
4	云量	记录测量时的云量	
5	风力	描述风力、风向	
6	坐标	测量点 GPS 定位坐标	经纬度坐标、高程
7	岩石名称	岩石室内最终定名	
8	点性	岩石观测位置地质属性描述	岩石单元、岩性段、岩性分界、构造等特征描述
9	颜色	岩石风化面新鲜面颜色	
10	结构构造	岩石的结构构造特征描述	
11	矿物组合	岩石矿物组成、主要蚀变矿物及估计含量	以镜下鉴定结果为准
12	蚀变类型	准确填写 1~2 种主要蚀变矿物	如白云母、蛇纹石、绿帘石、方解石、绿泥石等
13	矿化类型	对矿化岩石、矿石的特征描述	
14	露头照片	对观测点进行原位拍照	
15	标本照片	采集的标本照片	
16	单片光照片	镜下鉴定照片	
17	正交偏光照片	镜下鉴定照片	
18	光谱曲线图	地面光谱测量仪获取的岩石光谱曲线	
19	蚀变矿物光谱曲线图	通过光谱解混获取蚀变矿物光谱曲线图	

2.3　岩矿光谱数据分析

测谱学是研究光与地物的相互作用的一门学科。根据测谱学原理，由矿物的光谱特性研究矿物晶体结构和成分由来已久，目前仍然方兴未艾。因此，对矿物、岩石光谱特性的系统研究奠定了高光谱遥感技术发展的基础。

2.3.1 矿物近红外光谱预处理

地面光谱数据预处理技术主要包括反射率计算、噪声去除、光谱数据集汇总等方法。

（1）反射率转换：将野外测量得到的目标地物及其对应参考白板的辐照度测量数据进行比值运算，并乘以对应波长位置的参考白板定标参数，实现将光谱仪实测的辐照度数据转换为光谱反射率。

（2）噪声去除：采用多项式圆滑方法，对反射率曲线进行光滑处理，消除系统误差和随机误差，如图 2-5 所示。

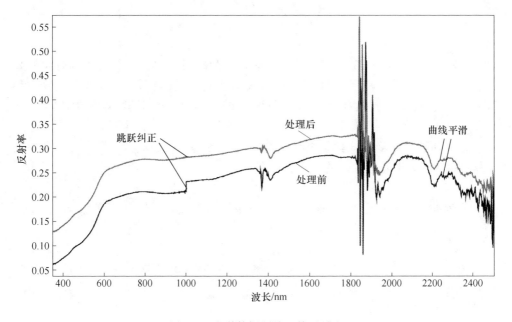

图 2-5　光谱数据预处理前后对比

2.3.2 矿物近红外光谱解析

2.3.2.1 光谱分峰原理

振动光谱方法是研究分子的微观结构及相互作用的有效手段。但是，研究人员常常遇到这样的问题：不同的光谱谱带的峰位接近而且谱峰的宽度较大，致使谱带之间发生严重重叠，从而给利用光谱方法分析分子的微观特性带来不利影响。为此，研究人员试图利用各种方法来解决这一问题。例如，二阶导数法和傅氏退卷积法等增强分辨率的方法已被广泛应用。但是，如要对重叠的光谱有较为全面、准确的认识，尤其是对特征吸收峰的位置进行准确的定位，对光谱进行曲线分峰拟合就变得十分必要。对许多研究工作而言，如蛋白的二级结构分析、聚乙烯和长链烷烃的链结构的测定研究等方面，光谱的分峰曲线拟合已成为一种有力的研究手段。

光谱曲线分峰拟合：假设实验光谱 $Y_{exp}(x)$（其中 x 是光谱频率）是由若干个单独峰谱带相互叠加形成的，光谱曲线拟合的作用是找到一组单独峰谱带 $F_i(x)$（$i=1,\cdots,n$），使得下式成立：

$$Y_{exp}(x) = \sum F_i(x)$$

其中，$F_i(x)$ 是单独峰谱带，是由高斯函数 $G_i(x)$ 和洛仑兹函数 $L_i(x)$ 组合而成的。

$$F_i(x) = (1 - c_i)L_i(x) + c_1 G_1(x)$$
$$G_i(x) = I_i \cdot \exp\{-a[(x - v_i)/w_i]^2\}$$
$$L_i(x) = v_i/\{1 + [(x - v_i)/w_i]^2\}$$

式中，a 为常数，$a = \ln 2$；v_i 为单独峰函数的峰位，即 $F_i(x)$ 最大值所对应的频率；I_i 为单峰函数的峰强，即 $F_i(x)$ 最大值所对应的强度；w_i 为单峰函数的半高宽；c_i 为单峰函数的高斯、洛仑兹函数的组合系数，这里是指高斯函数的含量。

综上所述，单峰曲线就是以峰位参数 v、峰强参数 I、峰宽参数 w、峰型参数 c 为参变量的关于光谱频率的函数，即：

$$F_i(x) = F_{v_i, I_i, w_i, c_i}(x)$$

光谱曲线分峰拟合就是求得一组单峰函数的参数 v_i，I_i，w_i，c_i（$i = 1, \cdots, n$）使得：

$$Y_{exp} = \sum F_{v_i, I_i, w_i, c_i}(x)$$

但是，就实际情况而言，上式等号两边严格相等几乎是不能达到的。在实际计算过程中，我们努力的目标是使实验光谱 $Y_{exp}(x)$ 与拟合光谱 $\sum F_{v_i, I_i, w_i, c_i}(x)$ 之间的误差尽可能地小。

在实验中，采集的光谱是由一组（num 个）离散的实验数据点 $[x_j, Y_{exp}(x_j)]$（其中 $j = 1, \cdots, \text{num}$）组成的。对于参与组成实验光谱的 n 个单峰谱带 $F_{v_i, I_i, w_i, c_i}(x)$（其中 $i = 1, \cdots, n$），定义误差谱函数 Y_{er} 函数和误差平方和函数 Q 如下：

$$Y_{er} = Y_{exp}(x) - \sum F_{v_i, I_i, w_i, c_i}(x)$$
$$Q = \sum Y_{er}^2(x_j)$$

这样，对实验光谱进行分峰曲线拟合问题就变为求取 Q 的极小值问题。

2.3.2.2   光谱分峰处理流程

光谱分峰处理算法经过多年的发展，目前已经趋于成熟并有多款商业软件可供使用（包括 origin、XPS peaks、Peakfit 等）。本研究使用 origin 2017 进行光谱数据的分峰处理，处理流程如图 2-6 所示。

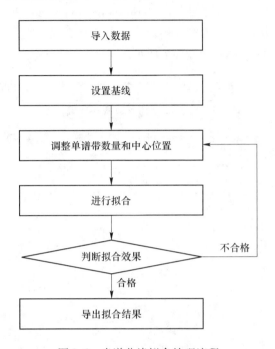

图 2-6　光谱分峰拟合处理流程

2.3.3　地面岩矿混合光谱分解

　　地面岩石往往是多种矿物混合组成的混合体，在光谱仪视域范围内，可能会包括多种矿物成分，它们有着不同的光谱响应特征。而这种情况下光谱仪所采集的光谱曲线就是各种矿物各自光谱曲线综合的结果，它记录的是所对应的不同矿物光谱响应特征的综合。

　　从理论上讲，混合光谱的形成主要有两个原因：（1）单一成分物质的光谱、几何结构，及在探头视域范围内的分布；（2）光谱仪本身的混合效应。其中，（2）为非线性效应，光谱仪的影响可以通过仪器校准、定标加以部分克服，而（1）所涉及的混合因素必须通过一些混合光谱分解的技术进行克服。

　　混合光谱模型主要包括线性混合模型和非线性混合模型。线性混合模型是假设物体间没有相互作用，每个光子仅能"看到"一种物质，并将其信号叠加到像元光谱中；而物质间发生多次散射时，可以认为是一个迭代乘积过程，是一个非线性混合过程。

　　现阶段，主流软件支持的混合光谱分解多为线性光谱分解，一般分为两个步骤：一是先求出图像中的所有端元，二是根据混合光谱模型进行混合像元分解。

目前，比较成熟的算法主要包括最小二乘法、凸面几何学分析、滤波向量法、投影寻踪分析、独立成分分析、正交子空间投影等。

矿物近红外光谱分析主要采用的是 SpecMin Pro Version 3.1 软件，对 ASD 光谱仪野外测试的光谱曲线进行光谱解混。该软件中的标准光谱库是 JPL（喷气实验室）光谱库，其操作界面如图 2-7 所示。

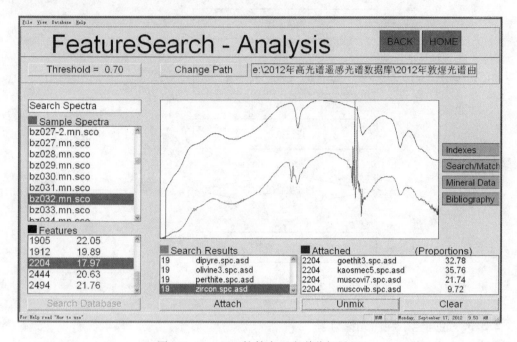

图 2-7　SpecMin 软件岩石光谱分解界面

对采集的岩石样品采用澳大利亚联邦科工的 Pima 近红外矿物分析仪进行测试，该仪器附带的光谱分析软件能够在人工干预的半自动条件下识别低温热液蚀变矿物（见图 2-8），如蒙脱石、伊利石、绢云母、方解石，甚至次生石英。它的主要性能参数见表 2-3。

表 2-3　Pima 近红外矿物分析仪主要性能参数

仪器测量波长范围/nm	1300～2500
仪器分辨率/nm	<8
光谱采样间隔/nm	>8
单个样品扫描时间/min	<1
使用工作环境温度/℃	-20～50
测量矿物种类	硅酸盐、碳酸盐、硫酸盐矿物等

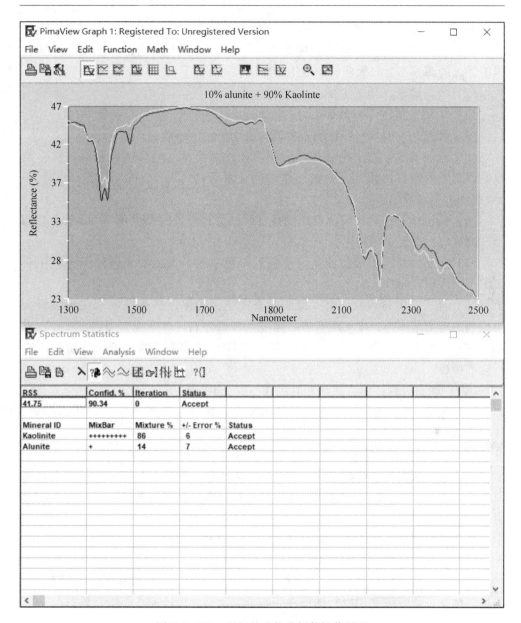

图 2-8　Pima 近红外矿物分析仪操作界面

2.4　光谱测量质量评述

2.4.1　地面岩矿光谱测量质量评述

地面岩矿光谱测量对于自然环境要求比较严格。为了使测量数据真实、可靠、精确，在测量过程中对云量、风力、太阳入射角、时间、人员着装等方面进行了严格的要求，具体有以下要求。

（1）云量要求：测量时空气能见度高，云对太阳光无遮挡，且波谱测试过程中，云的漂移不会对太阳辐照度造成影响；

（2）风力要求：小于4级；

（3）太阳天顶角：小于45°；

（4）测量速度要求：白板与地物测试在时间间隔不超过2min；

（5）时间要求：需要尽量在最佳照明条件下测量，约6000K色温，这样与航空得到的图像条件相同，一般工作时间在夏天地方时10：00至地方时14：00（中高纬度高海拔地区）；

（6）周围地物：测试目标物周围有良好的通视条件，高度角10°以上无遮挡物，测量过程中无运动物体；

（7）人员站位与着装：测量人员应着暗色衣物，人员和光谱仪探头应正对太阳光谱入射方向；

（8）探头高度与观测姿态：探头垂直向下，为保证探头视域落在与白板大小相当的地物范围内，探头距离岩石高度135cm左右。

（9）白板要求：性能稳定，表面均匀洁净，其性能参数由国家计量单位进行标准传递；

（10）观测次数：单点观测光谱次数不少于10条；

（11）辅助参数记录：包括仪器技术参数、标准白板参数、目标状态参数、环境参数、测量时间；

（12）测量的对象大小：能满足探头视场大小要求，且结构构造完整。

为了监测太阳照度在测量同一样本前后的变化，测量采用辐射能量而不是反射率测量方式，并对样本测量前后均要求测量白板反射能量曲线，做好详细的光谱曲线编号记录；每隔5min，进行一次测量系统优化。

在离开已测量地转入下一地点测量之前，开展已测数据的查阅与验证工作，确保已测数据的完整与存储。

对光谱测量的样品进行统一编号、GPS定位及拍照，详细记录岩石的颜色、岩性、蚀变现象、风化程度、地形地貌特征、遥感影像特征及环境参数等。

2.4.2　地面光谱数据处理结果评价

野外采集的光谱数据需要通过室内的预处理与数据分析，从而分析调查点上的蚀变矿物种类及其光谱信息，为归纳总结与成矿有关的蚀变矿物组合及其光谱特征奠定基础。

光谱数据预处理：野外采集的光谱数据在室内利用ViewSpecPro软件对每个测量点的10条曲线进行平均，得到平均的光谱曲线，从而降低噪声和随机误差。

　　然而，由于野外光照条件往往不太均衡，导致光谱曲线在 1000nm 附近有断点跳跃。因此，在预处理过程中需要进行抛物线修正，消除曲线上的跳跃。

　　光谱数据的蚀变信息提取：使用可见光 – 近红外矿物分析软件 SpecMin Demo 对经过预处理的光谱数据进行低温热液蚀变矿物相对含量的估算，得到调查点蚀变矿物的相对含量结果。为了验证该软件的矿物分析精度，将部分矿物的 X 射线衍射分析结果中可被可见光 – 近红外光谱识别出来的矿物进行相对含量计算，然后与可见光 – 近红外分析结果进行对比验证，见表 2-4。通过对比，可见光 – 近红外矿物分析结果中正确的矿物数为 42 个，分析出的矿物总数为 48 个，分析矿物种类的正确率约为 87%。因此，可见光 – 近红外矿物分析法对于鉴别热液蚀变矿物的种类具有比较好的分析精度。

表 2-4　可见光 – 近红外光谱分析结果与 X 射线衍射分析结果对比（质量分数）

（%）

样品编号	方法	赤铁矿	针铁矿	黄钾铁钒	白云石	方解石	伊利石	高岭石	绿泥石	水铁矿	石膏
MCG-004	光谱法		42.15		57.85						
	X 射线衍射法				82.05	17.95					
MCG-005	光谱法		36.65			63.35					
	X 射线衍射法				46.79	53.21					
DDT-003	光谱法	10.47	15.39	42.31				31.83			
	X 射线衍射法	46.79	7.71	4.37				41.13			
DDT-004b	光谱法					16.87	42.78	40.35			
	X 射线衍射法				4.98	88.24	0.07				
XDT-003c	光谱法						50.93		49.07		
	X 射线衍射法					35.61	25.25		39.14		
XDT-004	光谱法						65.95		34.05		
	X 射线衍射法					0.50	41.81		57.69		
XDT-006	光谱法	9.99				55.46	28.78		5.77		
	X 射线衍射法	8.8				51.2	16		24		
NC-007	光谱法				32.59	43.16			24.25		
	X 射线衍射法				2.92	93.44	1.04		2.60		

续表 2-4

样品编号	方法	赤铁矿	针铁矿	黄钾铁矾	白云石	方解石	伊利石	高岭石	绿泥石	水铁矿	石膏
NC-008	光谱法					74.11	21.42		4.47		
	X射线衍射法				14.69	79.98	2.37		2.96		
NC-009	光谱法					49.08	50.92				
	X射线衍射法					95.33	1.51	3.15			
NC-010	光谱法	12	76.05		2.7		9.25				
	X射线衍射法	4.05	84.93		3.15		7.87				
DDT-004d	光谱法					25.56	74.13				
	X射线衍射法				6.47	79.08	14.45				
DDT-004e	光谱法		41.06	41.68			17.26				
	X射线衍射法		73.23	14.47			12.30				
DDT-004f	光谱法	0.18	20.77	39.06			39.99				
	X射线衍射法		32.43	50.19			17.37				
DDT-005	光谱法		15.59	80.35							4.5
	X射线衍射法		24.03	36.69			24.68				14.61
DDT-007a	光谱法	26.76					73.24				
	X射线衍射法	11.86			11.86		76.27				
DDT-007b	光谱法	0.93	75.72				23.35				
	X射线衍射法	8.68			39.67		51.65				

　　X射线衍射法：用 X 射线衍射法对所有样品进行分析。采用日本理学 D/MAX2500 型 X 射线衍射仪对样品进行了数据采集。实验电压 40kV，电流 200mA，选用 Cu 靶和石墨单色器滤波。实验数据在 jade 6.0 中进行定性分析，矿物含量计算采用绝热法以矿物种类质量分数表示[52]：

$$W_X = \frac{I_{X_i}}{K_A^X \sum\limits_{i=A}^{N} \dfrac{I_i}{K_A^i}} \times 100\%$$

　　该方法根据定性分析确定的 N 种矿物，W_x 为第 x 相的质量分数，A 为被选定的样品中的任意一种矿物，I_i 为 $A \sim N$ 共 N 种矿物。

2.4.3 不同条件下的矿物光谱数据质量对比分析

2.4.3.1 不同覆盖程度条件下相同矿物的光谱数据

由地表风化产生的表面覆盖层矿物质，其质地与基岩矿物相似性如何，岩层上风力搬运或雨水携带浮土、盖层对岩石光谱特征会产生何种影响？针对这一问题开展了对比试验研究，选取绿泥石化凝灰质火山熔岩作为标样进行对比，对比内容主要包括：（1）原地碎石样品；（2）采集的标本参照样；（3）原地露头岩石；（4）有薄土覆盖的岩石；（5）浮土层覆盖。对以上五种不同露头环境下的样品进行 ASD 地面光谱测量，测量环境如图 2-9 所示。

图 2-9 甘肃省北山地区不同环境下样品的 ASD 地面光谱对比试验

（a）原地碎石样品；（b）标本样；（c）原位露头样；（d）有薄土覆盖样

　　通过测量谱图对比可见：光谱反射率自厚土覆盖→薄土覆盖→原位露头→标样→碎石依次降低（见图2-10），浮土覆盖样品反射率最高，与其他几种有明显的区别，且羟基吸收峰不明显。薄土覆盖的岩石样品，其反射率次之，铝羟基、镁羟基模糊出现，波长分别在2170～2210nm、2300～2400nm出现弱的吸收峰，反映出比较弱的蚀变矿物特征。标样和原岩露头的光谱曲线基本接近，铝羟基、镁羟基吸收峰均明显，波长分别在2170～2210nm、2250～2260nm、2340～2350nm表现明显的吸收峰，反映出清晰的绿帘石蚀变特征和绿泥石双峰蚀变特征。碎石样品的反射率最低，铝羟基、镁羟基表现较模糊。在野外光谱测量过程中，大气中水汽影响较剧烈，波长主要集中在1800～1900nm和1350～2410nm。

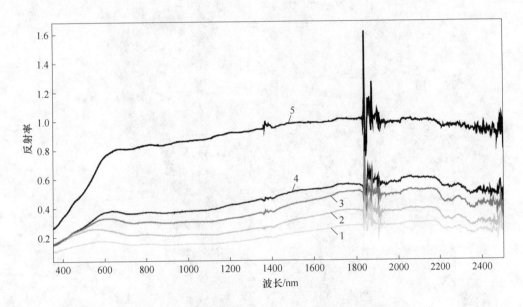

图2-10　不同覆盖程度的凝灰质火山熔岩光谱曲线图
1—碎石；2—标样；3—原位露头；4—薄土覆盖；5—厚土覆盖

　　由此可见，薄土覆盖区域、风化破碎露头区域的光谱吸收峰与岩石原位露头的光谱特征差别较小，能够反映出原地岩石的光谱曲线特征。对于北山这种风沙较大、山体露头易被薄层风沙覆盖、露头易风化成碎片的自然环境，高光谱信息可有较好的适用性。

2.4.3.2　块状样品与粉末样品光谱特征对比

　　通过对不同破碎状态的岩石样品的光谱曲线测量的对比表明，块状岩石和经物理粉碎后的碎粒岩石样品的吸收峰分布特征一致（见图2-11），仅在其反射率上略有差别，粉末样品的整体反射率高于块状样品。这主要是因为物理风化仅仅改变了岩石的颗粒大小，而未改变矿物的成分。该实验结果说明，岩矿的可见光 – 近红外光谱主要取决于矿物的成分和分子结构，岩石的物理风化对其光谱的影响仅反映在整体反射率高低，而不会导致特征谱带的变化。因此，在干旱环境稳定的西部隔壁地区广泛存在的残积原岩碎屑的光谱特征可以代表其下伏原岩的光谱特征。

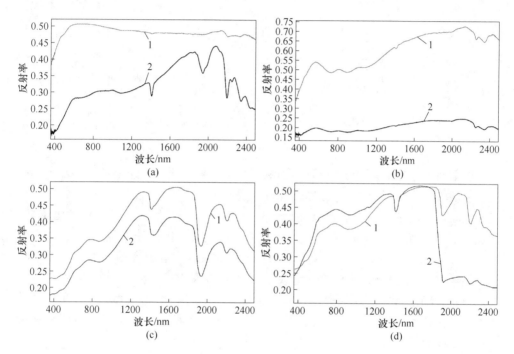

图 2-11 块状样品和粉末样品光谱曲线对比
（a）绢云母化岩样；（b）绿泥石化岩样；（c）蒙脱石化岩样；（d）伊利石化岩样
1—粉末样品；2—块状样品

2.4.3.3 样品新鲜面与沙漠漆面光谱对比

甘肃北山测区出露的岩石发育有较多的沙漠漆，呈褐红色，表面致密光滑。所谓沙漠漆，就是戈壁基岩裸露的荒漠区，由于地下水位上升，蒸发后常在石体表面残留一层红棕色氧化铁和黑色氧化锰薄膜，像涂抹了一层油漆，故称为沙漠漆。

为了探究沙漠漆对岩石的光谱是否能产生影响，对被沙漠漆包裹样品的新鲜面和沙漠漆表面测试对比表明（见图 2-12），表面分布沙漠漆的样品中，沙漠漆表面和样品内部新鲜面的光谱特征基本一致。所以，包裹有沙漠漆表面的样品与原岩的矿物成分基本相同，仅在 400~600nm 波段内有较弱的铁离子吸收峰，而新鲜面的整体反射率比沙漠漆表面整体反射率高，可见沙漠岩漆覆盖对光谱特征影响小。

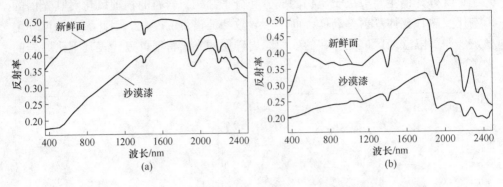

图 2-12　沙漠岩漆表面与新鲜面光谱曲线对比
（a）绢云母化岩样；（b）伊利石化岩样

　　国际研究小组最新完成的研究发现，沙漠岩漆的成分以硅土（silica）为主；硅土能从大气中飘落下来，或者从岩石本身"滤"出。在长久的历史中，硅土变成凝胶体状的物质，然后再硬化，最后形成岩漆。硅土是由成岩程度比较高、颗粒极细、含有一定量泥质、钙镁质的硅质岩，经风化淋滤作用，钙镁质被淋失，极细的石英和黏土矿物被保留下来，因而形成有大量微孔的一种硅质壳。硅土在形成过程中可以吸附自然界中大量存在的铁离子，从而使其表面呈现褐红色。但是，该硅土壳厚度很薄，一般小于 0.1mm，可以被光线透射，因而其反射光谱还是保留了大部分岩石内部的特征，波长仅在 400~600nm 波段内有较明显的铁离子吸收峰。

2.4.3.4　蚀变带不同位置光谱数据对比

　　野外光谱测量过程中对同一蚀变闪长岩体的不同部位进行光谱测量对比分析，包括新井金矿床、明水河金矿床的围岩和其外围蚀变闪长岩的光谱曲线进行测量。

　　（1）新井金矿床外围蚀变闪长岩（BSY-010）蚀变特征（见图 2-13），岩性为灰黑色中-粗粒石英闪长岩，沿岩体节理，裂隙发育钾长石化，绿泥石化和黏土化，地表可见有方解石细脉，脉宽 0.5~3cm。其光谱测量显示主要有多处吸收峰：波长在 1429~1583nm 和 1907nm 附近为水汽的吸收峰；2200nm 附近有 Al—OH 吸收峰，深度浅、峰形小；2250nm 处存在一个不明显的 Fe—OH 吸收峰；2310~2360nm 内为 Mg—OH 吸收峰、深度不大，峰形较差。2200nm 附近的 Al—OH 吸收峰表现岩体发育黏土化或绢云母化（伊利石化），2250nm 和 2310~2360nm 两个吸收峰表现岩体发育绿泥石化，经 Specmin 软件进行光谱解混计算

图 2-13 新井金矿外围蚀变闪长岩（BSY-010）光谱曲线（a）与照片（b）

得出其蚀变矿物主要有绿泥石、伊利石、高岭土等。新井金矿矿化点，其矿体北侧围岩为钾化、绿帘石化石英闪长岩（BSY-011），南侧为碎裂状钾化花岗斑岩（BSY-012）。BSY-011 光谱吸收主要有 4 处吸收峰（见图 2-14）：波长在 1429 ~ 1583nm 和 1907nm 附近为水汽的吸收峰；2250nm 附近有微弱的吸收峰，2250 ~ 2360nm 内的吸收峰、深度较大，峰形左宽右窄，可能与绿泥石、方解石的混合有关。经 Specmin 软件计算得出其蚀变矿物主要有绿泥石、黝帘石和少量方解石等。该矿（化）点围岩与外围蚀变闪长岩相比，围岩光谱数据曲线比较光滑，而外围蚀变闪长岩数据曲线比较粗糙；围岩蚀变比外围蚀变闪长岩表现为更强烈的褐铁矿化蚀变。

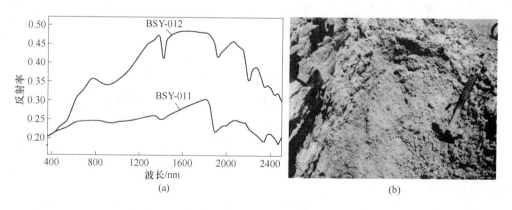

图 2-14 新井金矿围岩蚀变闪长岩光谱曲线（a）与照片（b）

（2）明水河金矿蚀变围岩（WBS010-3）蚀变闪长岩和外围闪长岩体（WBS010-1，WBS010-4）的光谱曲线（见图 2-15），蚀变闪长岩围岩（WBS010-3）主要有 7 处吸收峰：波长在 600 ~ 800nm 和 800 ~ 1000nm 为铁离子吸收峰，峰形非常平缓，反映出褐铁矿化蚀变；1429 ~ 1583nm 和 1948nm 附近为水汽的吸收峰；2212nm 附近有一吸收峰，峰形较弱、深度小，为 Al—OH 吸收峰，主要由绢云母化引起；2250nm 和 2345nm 附近的两处吸收峰主要由绿泥石引起。经 Specmin 软件计算得出，其蚀变矿物主要有绿泥石、蒙脱石、黄钾铁矾、白云母等。而外围闪长岩体（WBS010-1，WBS010-4）两者吸收峰相近，较蚀变闪长岩围岩（WBS010-3）反射率低，铁离子吸收峰不明显，Al—OH 吸收峰较深。经 Specmin 软件计算得出，其蚀变矿物有绿泥石、蒙脱石、奥帘石、白云母等。因此该矿（化）点的蚀变围岩与外围蚀变闪长岩相比，更富含褐铁矿和黄钾铁矾化。

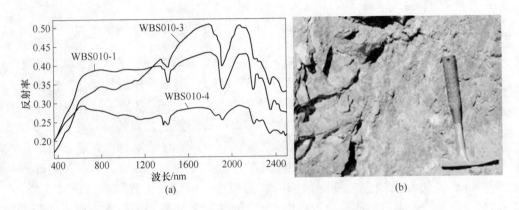

图 2-15　明水河金矿蚀变围岩光谱曲线（a）与照片（b）

2.4.3.5　阴离子基团在不同阳离子作用下的光谱数据质量对比

相同的阴离子基团在不同阳离子的作用下，其特征吸收峰的位置略有变化。当矿物偏酸性的时候，矿物在低温下形成，稳定性较好，分子间键能较大；反之，当矿物偏基性的时候，矿物在温度较高下形成，分子间键能较小。当形成蚀变矿物的时候，偏酸性物质组合的羟基键能大于偏基性物质，从而激发所需要的能量较大。根据电磁波激发原理，能量与频率成正比，而与波长成反比，因此酸性物质能够吸收波长较短的电磁波，而基性物质能够吸收波长较长的电磁波。

光谱特征主要表现为：随着矿物成分从酸性向基性过渡，它们的主要吸收峰在近红外光区域向波长较长的区域偏移。通过对比分析发现，钠﹣白云母、钾﹣白云母、镁硅﹣白云母、镁铁﹣多硅白云母，吸收峰波长依次为 2195nm、2205nm、2215nm 和 2225nm（见图 2-16）。如图 2-17 中，镁绿泥石、铁绿泥石、鳞绿泥石的主特征峰 Mg—OH 峰的波长分别在 2325nm、2345nm 和 2355nm，其第二特征峰 Fe—OH 峰波长分别在 2245nm、2255nm 和 2265nm。

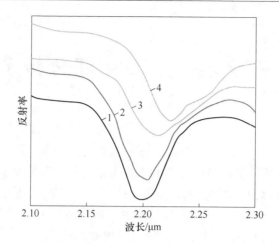

图 2-16　不同白云母矿物光谱曲线图
1—钠－白云母；2—钾－白云母；3—镁硅－白云母；4—镁铁－多硅白云母

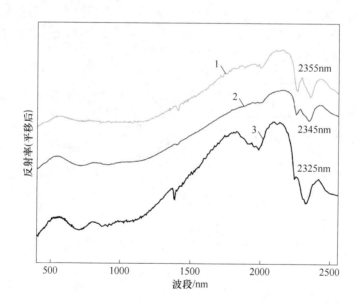

图 2-17　不同绿泥石矿物光谱曲线图
1—鳞绿泥石；2—铁绿泥石；3—镁绿泥石

2.5　小结

　　本节主要介绍了作者通过实践过程中的摸索比较，总结出的简单易行、能获得较好效果的光谱预处理方法；同时介绍光谱采集的正确方法。地面光谱数据为 ASD-Fieldspec 3 采集数据（该种野外光谱仪在国内外比较普遍），其他光谱仪或者遥感成像仪器的数据可以参照本方法处理。

3 岩矿近红外光谱特征分析及验证

特定的分子键在可见光－短波红外反射光谱的某些波长位置能够产生诊断性吸收特征谱带，这些特征谱带在不同的矿物中具有较稳定的波长位置和较稳定的独特波形，能够指示离子类矿物、单矿物的存在[53]。高光谱成像光谱矿物识别技术是通过发现矿物特征吸收的波长位置和吸收深度等光谱参数的存在和变异，研究岩矿中的光谱特征与其类型、成分、结构等的内在联系[54]。由于蚀变矿物具有特有、独特的诊断性特征吸收谱带，使得高光谱技术在矿物识别、矿物填图中的应用成为其成功的和最能发挥其优势的领域[55,56]。同时，该技术也使遥感地质发展到识别单矿物，以至矿物的化学成分及晶体结构[57]。在可见光－短波红外谱段，识别出的矿物有 Fe、Al、Mg、Mn 等元素的氧化物、含羟基矿物、碳酸盐矿物及部分水合硫酸盐矿物等[58]，如图 3-1 所示。

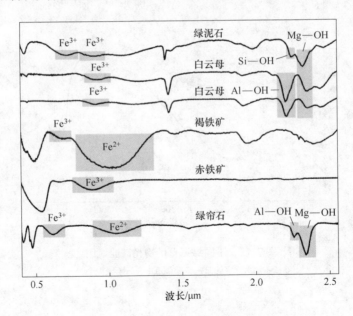

图 3-1　典型蚀变矿物特征峰分布图
（据 USGS 标准光谱库，包络线去除）

本次研究实施过程中与航空遥感测量相结合，对甘肃北山方山口工作区内典型的岩、矿石开展 ASD 地面光谱测量，分析不同岩石中蚀变矿物的光谱特征，确定其蚀变矿物种类、共生组合关系。分析蚀变矿物光谱与岩性的对应关系，研究蚀变矿物的分带性与分布规律。进而检验、指导机载高光谱蚀变异常矿物信息的提取，促进高光谱遥感技术与地质找矿工作的有机结合。

3.1 岩矿光谱测量分析

3.1.1 北山方山口工作区

北山方山口工作区野外地面高光谱测量工作主要在前期对工作区 GeoEye、TM 等遥感数据 1：100000 地质解译的基础上开展。野外工作期间对区内不同岩性、不同蚀变类型的岩、矿石，进行了与航空高光谱测量数据准同步的 ASD 地面高光谱数据采集。其间，共完成野外地质测量路线 15 条，共计约 132km；地面光谱测量点共计 260 个，采集样品 270 件；完成光谱数据处理 3300 组，实测光谱数据的地质路线及测量点如图 3-2 所示。

根据已有地质资料，北山方山口地区与金、铁、钨、铅金属成矿密切相关的热液蚀变类型包括硅化、黄铁矿化、云英岩化、绿泥石化、绿帘石化、高岭土化、绢云母化、碳酸盐化等。矿化信息的地表氧化蚀变标志有孔雀石化、黄钾铁矾化、褐铁矿化等。研究过程中开展了区内不同矿种、不同岩性蚀变特征的调查工作。主要对本区热液石英脉型、破碎蚀变岩型金矿床、热液蚀变型钨矿床、火山沉积＋热液改造型铁矿床的蚀变与矿化的关系进行调查总结，不同蚀变岩石与矿床之间有如下关系。

（1）绿泥石化。与绿泥石化有关的岩石类型主要是中性－基性火山岩、侵入岩和部分泥质岩石低级区域变质相关。区内伴生有绿泥石化蚀变的岩性包括安山岩、英安岩、凝灰质火山岩、石英闪长岩、花岗岩等，其成因为由辉石、角闪石、黑云母等发生蚀变的产物。区内绿泥石化面积分布广，但强度相对较弱，单一的绿泥石化异常多为区域变质引起，与成矿阶段热液活动关系不大，如绿泥石英片岩、变安山岩等。与成矿作用有关的绿泥石化，常常与其他热液蚀变作用（如黄铁－绢英岩化、硅化、碳酸盐化等）共生为标志，区内尤其表现在沿断裂破碎带发育的绿泥石化＋褐铁矿化＋硅化与金矿化关系密切。

（2）绿帘石化。形成分为两种：1）从斜长石、辉石和角闪石中析出可以形成绿帘石族矿物，其为自蚀变或自生矿物，与矿体的形成关系不大，常与退变质作用相关。2）与热液作用（相当于中温热液阶段）有关，为原来岩浆岩、变质岩、沉积岩受热液交代、接触交代作用后形成的一种围岩蚀变，可以作为找矿标志之一。第一种情况，本区常见于在中－酸性侵入岩的边部及节理、裂隙中伴有绿帘石化，但蚀变强度较弱，与矿化关系不大。例如，本区石英闪长岩中多见绿帘石化，其光谱曲线特征表现为：波长仅在 2300～2380nm 有明显的绿帘石化吸收峰和 2250nm 处的 Si—OH 吸收峰（见图 3-3），蚀变类型单一，强度较弱。第

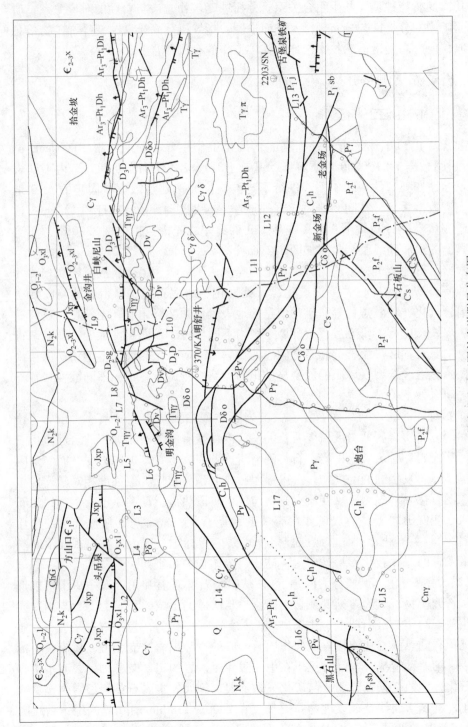

图 3-2　甘肃北山地区野外光谱测量分布图

（圆圈点为光谱测量点，深色线为构造线，浅色线为岩性界线）

二种情况成因的绿帘石，主要赋存在与金矿相关的闪长岩体中，多表现为具有多种蚀变矿物特征峰的组合。例如，明水河金矿矿体围岩中的闪长岩具有碳酸盐矿物吸收峰和绿帘石化吸收峰，Si—OH 吸收峰 2250nm 处则表现不明显（见图 3-4），两者区别较明显。

图 3-3　绿帘石化石英闪长岩光谱曲线（a）与照片（b）

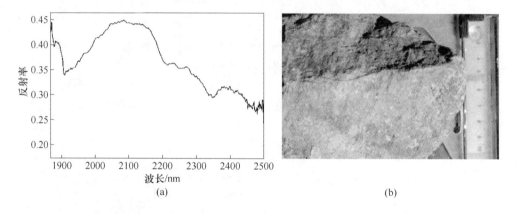

图 3-4　明水河金矿绿帘石化、碳酸盐化闪长岩光谱曲线（a）与照片（b）

（3）绢云母化。绢云母化为一种广泛发育的中－低温热液蚀变。在中性和酸性火成岩及板岩、片岩等富铝岩石中最常见，单矿物的绢云母岩一般少见。本区绢云母化异常分布较广，多为富铝绢云母化、中铝绢云母异常。其中面型分布的，与区域构造线方向一致的带状异常区，多为由敦煌杂岩群中绢云母石英片岩引起；其次是受花岗岩脉、花岗片麻岩及其接触带控制的面型异常区。以上两种情况为岩石自身变质或热液交代作用引起，与后期矿化热液蚀变关系不大。在本区内与矿化相关的绢云母化主要为蚀变组合出现，绢云母化与硅化、黄铁矿化、碳酸盐化、孔雀石化伴生。

（4）碳酸盐化。区内碳酸盐化有三种成因，1）中－基性岩石遭受热液蚀变时，常发生碳酸盐化，多共生有绿泥石化等；2）花岗岩类岩石发生碳酸盐化，多形成方解石，常常沿岩体裂隙、节理充填；3）灰岩、白云岩等沉积岩类及其在古老地层中变质形成的大理岩。碳酸盐化蚀变矿物，如方解石、白云石、菱铁矿等，波长在 2300～2350nm 内有较强吸收谱带，在光谱曲线上反映明显。其中，大理岩、白云岩在遥感影像上多呈现为亮白色，影纹较光滑，结合高光谱碳酸盐化蚀变异常提取，能够准确辨别出碳酸盐类矿物。

（5）硅化。硅化是使围岩中石英或隐晶质二氧化硅含量增加的一种蚀变作用。二氧化硅一般是由热液带入，也可由长石或其他矿物经蚀变后形成。硅化在 10.4～12.5μm 波长范围内波谱曲线才有相对的高值，对于 ASD 地面光谱仪（波长范围在 350～2500nm）未包括硅化光谱特征吸收峰范围。由于硅化可以在广泛的环境中由热液作用形成，其常与其他蚀变（如绢云母化、绿泥石化、泥化、长石化等）共生，因此需结合地质与其他蚀变组合共同判断。本区与硅化有关的矿床主要是钨、金矿床，如金滩子金矿、白峡尼山钨矿等。

（6）褐铁矿化及黄钾铁矾化。两者常伴生产出，与金矿化的关系密切，普遍见于硫化物矿床氧化带、蚀变岩型金矿中。例如，新金场金矿化体主要分布在新金场大断裂内及其与次级构造交汇部位的石英脉中，近东西走向，呈脉状，透镜状。普遍发育的蚀变有硅化、黄钾铁矾化、褐铁矿化、碳酸盐化，其中黄钾铁矾化、褐铁矿化与石英脉型金矿化体密切共生，是重要的找矿标志。黄钾铁矾样品光谱曲线波长在 2210～2300nm 有明显的吸收峰（见图 3-5），呈不对称尖锐状，高光谱异常提取若能够较好地提取出此类异常，对下一步金矿找矿工作具有重要的指导意义。

(a)   (b)

图 3-5 新金场地区黄钾铁矾蚀变样品的光谱曲线（a）与照片（b）

3.1.2 东昆仑纳赤台工作区

2012 年对青海省格尔木市纳赤台工作区进行的野外光谱测量，主要在拖拉海沟、万宝沟、纳赤台沟等地区，其目的是对区内万宝沟群、沙松乌拉组、纳赤台群的光谱特征进行分析；其次对工作区南部东大滩、西大滩、小南川一带，主要对区内苦海岩群、万宝沟群、赛什腾组进行野外调研及光谱测量。

结合蚀变矿物分布特征，对区内分布的菱铁矿、蓝铜矿、绿泥石、绿帘石、角闪石、方解石、白云石、富铝绢云母、中铝绢云母、贫铝绢云母等十种蚀变矿物异常信息进行查证。对区内不同蚀变矿物的异常提取结果显示：区内蚀变矿物整体分布不均匀，其中以白云岩、方解石、绢云母、绿泥石、绿帘石较为发育，表现出与构造线方向相一致的特点，而菱铁矿、蓝铜矿、角闪石发育较弱，仅在局部地段呈带状、点状产出。

3.1.2.1 苦海岩群

苦海岩群位于工作区南部东大滩忠阳山一带，岩石组合为一套灰白色含白云母白云质大理岩、灰色黑云方解石石英千枚岩、灰黑色白云石英片岩、深灰色细砂岩，区内为一套青灰色绢云石英片岩、灰绿色石英千枚岩。对忠阳山南部糜棱岩化绢云母石英千枚岩进行光谱测量显示，其具有 2210nm、2250nm、2346nm 处的 Al—OH、Fe—OH、Mg—OH 吸收峰（见图 3-6），光谱异常提取显示该处发育低 - 中铝绢云母化、绿泥石化、白云石化。综合分析认为，以上野外光谱测量及异常信息提取结果均表现出与实地岩石沿片理面发育绢云母化、绿泥石相一致的特征。

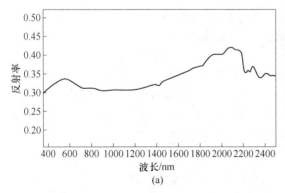

图 3-6 苦海岩群绢云母石英千枚岩光谱曲线（a）及野外照片（b）

3.1.2.2 万宝沟群

万宝沟群岩性为一套中、浅变质的火山岩夹碳酸盐岩。依据岩性组合、变质变形及区域分布等特征划分为两个岩组，即火山岩组（$Pt_{2-3}W^1$）、碳酸盐岩组（Pt_2W^2）。其中，碳酸盐岩组划分为两个岩性段，下部灰岩段（$Pt_{2-3}W_2^1$）和上部白云岩段（$Pt_{2-3}W_2^2$）。万宝沟群两个岩组间为构造接触，多发育岩性过渡层，变质程度一致或渐变，构造形态协调一致。

光谱特征显示，万宝沟群大理岩、大理岩化灰岩波长在 2340nm 处具有显著的 CO_3^{2-} 特征吸收峰，另有 2150nm 处次级吸收峰，如图 3-7（b）所示。位于地层接触带部位的大理岩及白云质大理岩波长在 2340nm 处的 CO_3^{2-} 吸收峰明显发育，且受其组分不同峰位略有偏移。个别岩石受后期岩浆活动的影响，见有 2210nm 处的 Al—OH 吸收峰，如样品 MCG-002c。同时伴随地表风化淋滤作用影响，岩层中的铁质成分沿大理岩中层理及裂隙分布，使得本区大理岩地表氧化呈黄褐色（见图 3-8），且具有明显的 Fe^{2+} 吸收峰（见图 3-7（a）），Fe^{2+} 吸收峰和 CO_3^{2-} 吸收峰两者共同构成了菱铁矿吸收峰（见图 3-9），例如样品 MCG-005、MCG-002c。

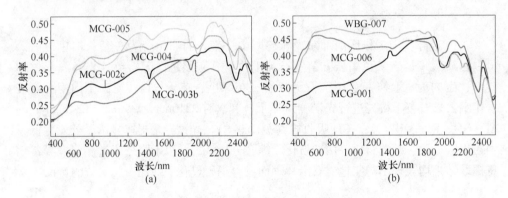

图 3-7　万宝沟群大理岩段光谱曲线图
（a）褐铁矿化大理岩样；（b）大理岩和大理岩化灰岩样

在温泉沟口东侧，有一辉绿玢岩脉侵入至二长花岗岩和万宝沟群大理岩段，异常分布图显示其矿物类型有中－贫铝绢云母化、绿泥石化、白云岩化、方解石化，呈近条带状分布，如图 3-10 所示。图中西南部的二长花岗岩与辉绿玢岩接触部位分布有团块状绿泥石矿物异常信息，图中北部分布有大面积的白云石矿物异常信息，这与万宝沟群大理岩段分布相吻合。

查证点 MCG-003、MCG-004 显示该处为二长花岗岩，中－粗粒结构，见有绿帘石、绿泥石化，且其与辉绿玢岩接触带部位，沿后期节理、裂隙发育褐铁矿化石英脉。在辉绿玢岩与大理岩接触部位，发育有明显的绿泥石化、透闪石化等矽卡岩化蚀变，如图 3-11 所示。其岩石原岩为大理岩，主要由方解石组成，岩石受到接触变质作用产生矽卡岩化，主要蚀变矿物为透辉石、透闪石，如图 3-12 所示。

图 3-8　万宝沟群大理岩、白云质大理岩照片

（a）WBG-007；（b）MCG-006；（c）MCG-002；（d）MCG-001

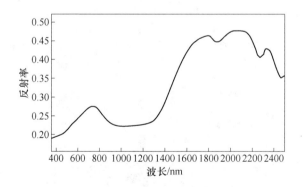

图 3-9　菱铁矿光谱曲线图

　　本查证区内矽卡岩化形成经历了早期、晚期阶段，早期主要形成干矽卡岩，以透辉石为主，晚期主要形成透闪石，即湿矽卡岩。其中早期阶段形成的透辉石形态多呈粒状（见图 3-13（a）），少部分呈柱状，大小在 0.3mm×0.3mm ~ 1mm×1mm 之间，多发育两组正交解理，颜色为无色，并被晚期的透闪石交代。

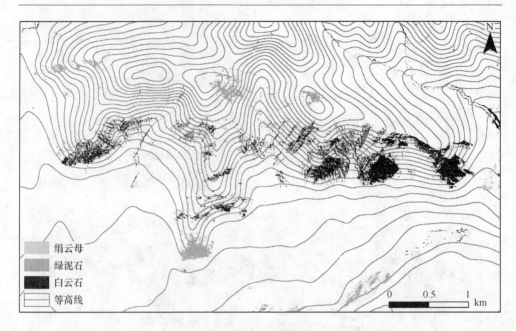

图 3-10　温泉沟口东侧蚀变异常分布图

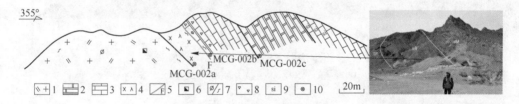

图 3-11　温泉沟口东侧露头素描图

1—二长花岗岩；2—大理岩；3—灰岩；4—辉绿玢岩；5—断层；6—褐铁矿化；
7—绿帘/绿泥石化；8—破碎带；9—硅化；10—采样点

图 3-12　透闪石化、大理岩化灰岩照片

透闪石为晚期产物，多数交代透辉石，形态分两种，一种为半自形柱状，一种为纤维放射状，前者大小在 0.1mm×0.5mm~0.3mm×0.8mm 之间，后者呈纤维放射状（见图 3-13(b)）。原岩中的方解石颗粒多被交代，在岩石中残留较少，仍可见较大的方解石颗粒发育的双晶及解理。岩石的蚀变矿物分布不均匀，岩石的整体结构也不均匀。该处与拖拉海玉石矿的地质条件一致，是找玉矿的有利地段。

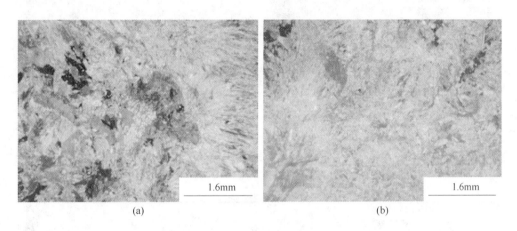

图 3-13　透闪石化大理岩镜下照片

(a) 早期透辉石；(b) 晚期透闪石

万宝沟火山岩组为一套灰绿色、浅灰绿色玄武岩、玄武安山岩、安山岩、玄武质凝灰岩等，局部夹有大理岩、板岩、硅质岩，受后期变质作用形成变玄武岩、绿泥绿帘石岩等。该岩组与碳酸盐组多为平行接触。玄武岩呈块状构造，变余斑状结构，绿泥石化、碳酸盐化。斑晶以斜长石为主，基质由细小的斜长石与辉石组成。后期先后发生强烈的绿泥石化作用与碳酸盐化作用，现岩石主要由绿泥石与碳酸盐矿物组成，原岩残留除了少数斑晶以外，其余均已蚀变。斑晶成分为斜长石，发育聚片双晶，多数被碳酸盐及少量绢云母交代，大小在 0.5mm×0.5mm~0.8mm×1.2mm 之间，如图 3-14(a) 所示。原岩中基质被绿泥石广泛交代，并析出部分金属矿物，如图 3-14(b) 所示，在此基础上有碳酸盐化的叠加。

高光谱蚀变矿物异常提取显示，万宝沟群火山岩组中玄武岩具有菱铁矿、绿泥石化、低铝绢云母化，如图 3-15 所示。如区内拖拉海沟北段西侧，该区出露为万宝沟群灰绿色蚀变玄武岩、玄武安山岩，异常蚀变主要有菱铁矿化、低铝绢云母化、绿泥石化、绿帘石化，前三者异常较发育，呈近东西向带状延伸，与区内构造线方向一致，绿帘石化较弱呈星点状分布。对其异常调查显示，其火山岩 MCG-003a 具有 Fe—OH、Mg—OH 特征吸收峰，表现出较强的绿泥石化蚀变，如图 3-16 所示。同时,调查显示该地层中北侧见夹有的大理化灰岩样品 MCG-003b,

其光谱曲线具有 Al—OH、CO_3^{2-} 特征吸收峰，且受地表风化作用影响，表面具有褐铁矿化呈黄褐色，与该处异常提取的低铝绢云母化、菱铁矿化相吻合。

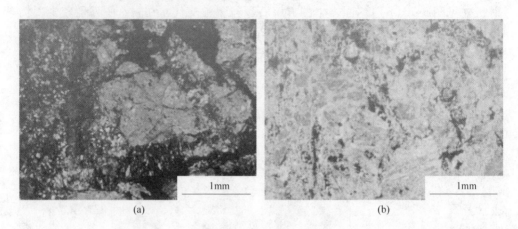

图 3-14　玄武岩镜下照片

（a）斜长石斑晶；（b）基质绿泥石交代

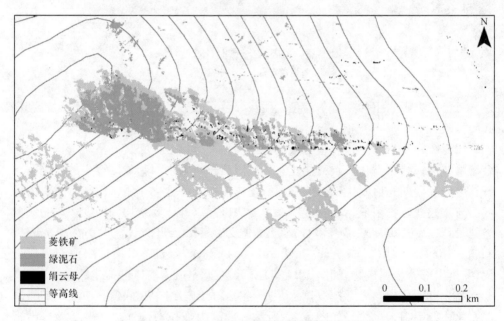

图 3-15　万宝沟群火山岩组蚀变矿物分布图

3.1.2.3　辉绿玢岩

矿区内辉绿玢岩出露较少，主要呈透镜状、脉状侵入至地层或岩体中。以万宝沟口东侧验证点 WBG-008 为例，该点影像上呈灰黑色，与它周围灰白色－灰

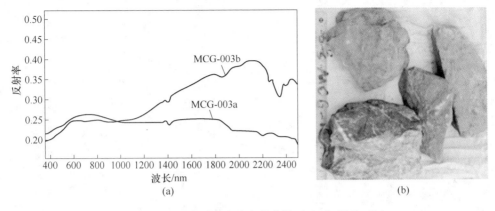

图 3-16 万宝沟群玄武岩光谱曲线 (a) 与照片 (b)

黄色地层有较明显的区别。异常分布图显示，验证点分布有点状的绿泥石、中铝绢云母等矿物异常，而带状白云岩异常具有明显的沿河道分布的趋势，如图 3-17 所示。查证显示，该处为灰绿色辉绿玢岩脉，具有强的绿泥石化、弱绿帘石化，沿岩石缝隙可见褐铁矿化细脉及后期石英脉，显示出其与万宝沟群白云岩具有热液交代作用。对其辉绿玢岩样品光谱测量显示：有 2250nm 处的 Fe—OH 吸收峰，2337nm 处的 Mg—OH 吸收峰（见图 3-18），具有明显的绿泥石化。沿河沟分布的白云岩异常，则明显是万宝沟群白云岩段冲刷下的洪积物。因此，中铝绢云母推测与其热液蚀变有关。

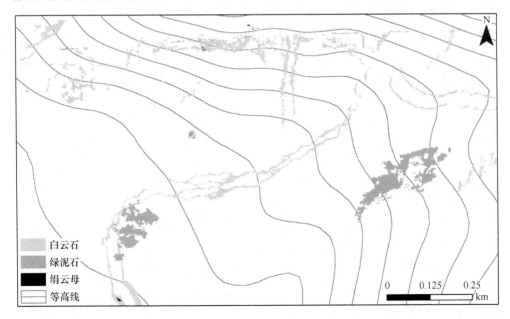

图 3-17 万宝沟口辉绿玢岩异常分布图

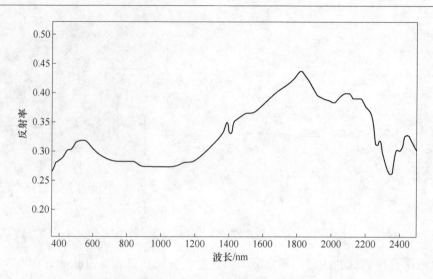

图 3-18　万宝沟口东辉绿玢岩（WBG-012）光谱曲线

3.2　建立岩矿光谱数据表

目前，国际上已经建立起一些光谱数据库，例如 USGS、JPL、JHU、IGCP-264、ASTER 等。然而，对于小区域和专题研究，大多数国家或地区标准地物光谱数据库仍然缺乏相应的参考数据，并且要建立一个大型的齐全完善的光谱数据库需要大量的人力和物力。因此，根据研究需要建立工作区典型地物光谱数据库，作为区域高光谱遥感应用的基础是非常有必要的。

为了满足研究区域和专题研究的需要，本数据库的主要数据来源为野外实测光谱数据和野外拣块样光谱测量数据。在此数据库中，所有的反射率数据一律以 ASD LIB 格式存储，包括光谱曲线文件和说明文件两部分，以便于影像处理软件使用和人员查阅。

光谱数据记录表是将每个光谱测量点的地质要素、测量环境、野外照片、室内鉴定成果等建立数据记录表，并录入 ACCESS 数据库，包括：观测点号，光谱采集日期、时间，点位坐标，测量环境（太阳高度角、云量、温度、风力、时间），岩性要素（岩石组构、矿物成分、蚀变类型），样品编号、测量编号、记录人员等，地面光谱测量如图 3-19 所示。

为方便使用者对所测样品光谱数据的查询和修改，将填写的测量点光谱数据记录表录入 ACCESS 数据库，如图 3-20 所示。

综合整理野外观测点的光谱数据、地质要素以及室内岩矿鉴定与分析结果，即可建立起基于 ARCGIS 系统的岩矿光谱数据记录表，以便为将来以观测点为线索录入对应点属性表，也为后续的数据处理分析奠定基础，使得测量成果系统化，更加便于交流和共享。

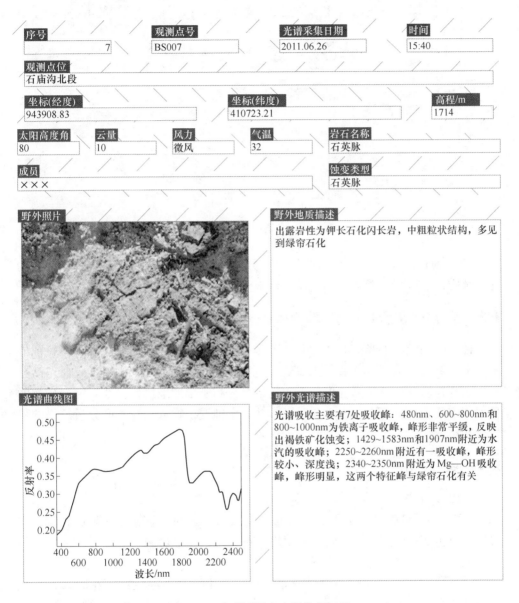

序号	观测点号	光谱采集日期	时间
7	BS007	2011.06.26	15:40

观测点位
石庙沟北段

坐标(经度)	坐标(纬度)	高程/m
943908.83	410723.21	1714

太阳高度角	云量	风力	气温	岩石名称
80	10	微风	32	石英脉

成员	蚀变类型
×××	石英脉

野外地质描述
出露岩性为钾长石化闪长岩，中粗粒状结构，多见到绿帘石化

光谱曲线图

野外光谱描述
光谱吸收主要有7处吸收峰：480nm、600~800nm和800~1000nm为铁离子吸收峰，峰形非常平缓，反映出褐铁矿化蚀变；1429~1583nm和1907nm附近为水汽的吸收峰；2250~2260nm附近有一吸收峰，峰形较小、深度浅；2340~2350nm附近为Mg—OH吸收峰，峰形明显，这两个特征峰与绿帘石化有关

图 3-19　光谱测量点光谱数据记录

工作区内不同岩性的地面光谱测量工作的意义体现在以下三个方面：

（1）为航空高光谱遥感数据的解译提供一定的光谱地面控制，为后期构建标志性蚀变矿物组合的筛选，提供区域蚀变矿物异常类型的光谱数据支撑；

（2）地面光谱测量数据在异常验证工作中，对高光谱异常信息提取数据质量评价及验证成果统计提供依据；

序号	观测点号	光谱采集日期	时间	观测点位	坐标(经度)	坐标(纬度)	高程(米)	太阳高度角	云量	风力	气温
1	BS001	2011.06.28	11:30	石庙沟北沟口	943804.92	410817.14	1674	85	5%	微风	35
2	BS-002	2011.06.28	12:30	石庙沟北沟口	943807.33	410615.08	1677	86	3	微风	31
3	BS003	2011.06.28	12:37	石庙沟北段	943817.06	410606.21	1678	78	10	微风	32
4	BS004	2011.06.28	13:29	石庙沟北段	943834.96	410803.02	1678	83	8	微风	31
5	BS005	2011.06.28	14:32	石庙沟北段	943839.181	410801.51	1685	80	8	微风	33
6	BS006	2011.06.28	15:11	石庙沟北段	943909.91	410725.96	1706	82	10	微风	33
7	BS007	2011.06.28	15:40	石庙沟北段	943908.83	410723.21	1714	80	15	微风	33
8	BS008	2011.06.28	16:01	石庙沟北段	943908.82	410722.24	1709	80	5	微风	30
9	BS009	2011.06.28	16:10	石庙沟北段	943915	410722	1710	78	10	微风	33
10	BS010	2011.06.28	16:30	石庙沟北段	943928.36	410721.49	1704	76	10	微风	30
11	BS011	2011.06.29	10:12	石庙沟附沙河金矿	943935.08	410656.8	1776	80	5	微风	30
12	BS012	2011.06.29	10:39	石庙沟BS011点西	943935.54	410656.44	1770	81	8	微风	31
13	BS013	2011.06.29	10:55	石庙沟BS011点东	943939.22	410703.03	1769	77	5	微风	32
14	BS014	2011.06.29	11:14	石庙沟	943908.4	410701.23	1777	80	5	微风	33
15	BS015	2011.06.29	11:35	石庙沟	943943.38	410659.79	1777	80	5	微风	30
16	BS016	2011.06.29	11:59	石庙沟西侧	943945.61	410626.42	1787	83	5	微风	31
17	BS017	2011.06.29	12:24	石庙沟	943947.42	410609	1788	80	10	微风	30
18	BS018	2011.06.29	12:55	石庙沟	943954.52	410508.12	1818	80	10	微风	33
19	BS019	2011.06.29	13:21	石庙沟	943919.93	410424	1842	80	5	2	34
20	BS020	2011.06.29	13:58	石庙沟	943844.35	410342.03	1868	79	10	微风	34
21	BS021	2011.06.29	14:20	石庙沟	943838.32	410337.03	1868	82	5	微风	32
22	BS022	2011.06.29	14:37	石庙沟	943838.35	410336.35	1866	80	5	微风	35
23	BS023	2011.07.01	10:10	甘新简易公路间	943833.23	410336.55	1872	75	5	微风	30
24	BS024	2011.07.01	10:36	甘新简易公路东	943819.58	410321.46	1826	76	15	无风	30
25	BS025	2011.07.01	10:36	位于BS024南40m	943819.24	410320.34	1873	78	15	微风	30
26	BS026	2011.7.1	11:21	位于甘新公路南	943819.19	410300.76	1882	78	15	微风	33

图 3-20　光谱数据记录数据库

（3）通过对地面光谱数据的处理、分析、完成的光谱数据记录表，将更为便利地交流、分析，并为后期地质工作人员的使用提供便利。

3.3　蚀变矿物近红外光谱地面验证

蚀变矿物近红外光谱的地面验证工作是在全面了解测区蚀变矿物分布特征的基础上，针对与成矿相关的主要地层、岩性、蚀变矿物及其组合的综合光谱分析，结合地质条件分析筛选出若干矿物组合分布密集的地段，实地对蚀变矿物的种属和富集程度进行野外观察和取样，并确定蚀变矿物近红外光谱分析结果的稳定性和精度。

3.3.1　北山方山口工作区

北山方山口工作区共完成地面验证点 134 个，包括褐铁矿、绿泥石、绿帘石、（高－中－低铝）绢云母、方解石、白云石、黄钾铁矾等七种矿物。验证的岩性种类包括花岗岩、闪长岩、安山岩、英安岩、辉绿玢岩、变砂岩、蚀变石英脉、蚀变破碎带等，它们有如下特征。

（1）花岗岩：工作区花岗岩分布面积广，主要为肉红色钾长花岗岩、灰红色二长花岗岩，该地质体蚀变矿物主要是绢云母、褐铁矿、绿帘石、绿泥石。通过实地验证，工作区的花岗岩中含有白云母，受长期风化产生褐铁矿化蚀变，部分地段花岗岩中长石、黑云母矿物有绿帘石、绿泥石化蚀变。

（2）闪长岩：主要位于工作区西北部大草滩西北角，岩体多呈灰绿色或灰褐色，这种蚀变矿物主要是褐铁矿、绿泥石、绿帘石、绢云母、方解石。通过实地验证，该岩性中发育有褐铁矿化和绿帘石化，岩体中有辉绿玢岩脉侵入，显示绿泥石化。

（3）安山岩：主要位于工作区东北部，主要以安山岩脉侵入在灰红色花岗岩中，该地蚀变矿物主要是褐铁矿、绿泥石、绿帘石、绢云母、白云石。通过实地验证，该岩脉中发育绿泥石、绿帘石，表面发育灰褐色沙漠漆，具有褐铁矿、绢云母等异常信息。

（4）英安岩：主要位于工作区北部，呈灰绿色，该地蚀变矿物主要是褐铁矿、绿泥石、绿帘石、绢云母、白云石。通过实地验证，该岩性与白色条带状灰岩产出于相同地段，因此发育有白云石、英安岩发育绿泥石、绿帘石和褐铁矿。

（5）灰绿玢岩：主要位于工作区甘井子一带，呈灰绿色辉绿玢岩脉侵入于闪长岩中，该地蚀变矿物主要是褐铁矿、绿泥石、绢云母，通过实地验证，该岩性发育绿泥石化和黄铁矿化，绢云母可能为闪长岩赋存矿物。

（6）变砂岩：主要位于工作区石庙沟北端，该地蚀变矿物主要是褐铁矿、绿泥石、绢云母、白云石。通过实地验证，该岩性发育千枚岩化、绢云母化，花岗岩脉发育褐铁矿化和绿泥石化。

（7）蚀变石英脉：在工作区分布较为广泛，蚀变矿物有褐铁矿、绿泥石、绿帘石、绢云母、方解石、白云石。通过实地验证，石英脉中见褐铁矿，绿泥石、绿帘石、绢云母、方解石、白云石一般为侵入围岩的矿物。

（8）蚀变破碎带：在工作区中分布比较分散，在很多岩性中都有产出，蚀变破碎带的蚀变矿物主要是褐铁矿、绿泥石、绿帘石、绢云母、白云石、方解石。通过实地验证，蚀变破碎带中多赋存褐铁矿、黄钾铁矾，而绿泥石、绿帘石、绢云母、方解石、白云石多为蚀变破碎带围岩所含矿物。

3.3.2 东昆仑纳赤台工作区

东昆仑纳赤台工作区共完成地面验证点 63 个，包括菱铁矿、绿泥石、绿帘石、方解石、白云石、绢云母、角闪石七种矿物。查证岩性包括二长花岗岩、花岗闪长岩、玄武岩、安山岩、英安岩、辉绿玢岩、白云岩、大理岩、变砂岩、泥灰岩、蚀变破碎带等，它们有如下特征。

（1）二长花岗岩：主要出露于万宝沟中段，蚀变矿物蚀变组合为菱铁矿、绿帘石、绿泥石、中铝绢云母以及零星的白云石和方解石。通过实地验证，该处二长花岗岩主要发育绢云母化、绿帘石化蚀变；岩体南部出露玄武安山岩、灰白色大理岩，其中含有绿泥石化、褐铁矿化和大理岩化。因此菱铁矿实际不存在，为大理岩夹杂褐铁矿化引起的"假异常"，其混合光谱曲线类似于菱铁矿。

（2）白云岩：主要出露于纳赤台沟中，发育的蚀变矿物组合有白云石、方解石、菱铁矿、绿帘石、高中低铝绢云母。通过实地验证，该处主要发育有灰白色白云岩和白云质大理岩，有部分地段发育褐铁矿化；菱铁矿异常主要由于白云石夹杂褐铁矿化引起。

　　（3）大理岩：主要出露于拖拉海沟上游、万宝沟以及小南川一带，蚀变矿物组合为方解石、白云石、菱铁矿、绿帘石、绿泥石、角闪石等。通过实地验证，拖拉海沟上游分布的大理岩地表多呈黄褐色，见有褐铁矿化，使其在近红外光谱上显示有菱铁矿异常信息。同时，该地段出露有蚀变安山玄武岩，绿泥绿帘石化较为发育。万宝沟支沟附近出露的是大理岩和白云质大理岩，表面发生褐铁矿化。小南川一带出露的主要是孔雀石化大理岩，由于孔雀石化含量低，难以通过近红外数据提取出来。

　　（4）安山岩：与大理岩相伴出露，在工作区分布范围较广，该岩性附近显示的矿物异常为绿泥石和绢云母。在野牛沟口对该岩性进行实地验证显示，蚀变矿物为绿泥石，绢云母化相对较少见，可能是由于黏土化中的伊利石引起。

　　（5）英安岩：出露于万宝沟上游，该岩性附近显示的矿物异常为白云石、方解石、绿帘石、绿泥石、菱铁矿。通过实地验证，该岩性北部为灰白色条带状大理岩，与其呈断层接触。英安岩出露范围内有大理岩的残坡积，呈现白云石、方解石和菱铁矿，绿泥石和绿帘石为英安岩蚀变矿物。

　　（6）辉绿玢岩：出露于三岔河附近，主要矿物异常为方解石、白云石、绿泥石、绿帘石、绢云母。通过实地验证，该岩性以辉绿玢岩脉产出，发育有绿泥、绿帘石化，方解石、白云石为外围大理岩所含矿物，绢云母与穿插的花岗岩脉有关。

　　（7）变砂岩：出露于西大滩水厂北部和五十八道沟内，岩性附近主要显示的矿物异常为绿泥石、绿帘石、白云石、绢云母、角闪石。通过实地验证，变砂岩呈灰绿色，含有绿泥石。同时，该变砂岩与大理岩伴生产出，因此含有白云石、方解石等碳酸盐岩矿物。

　　（8）蚀变破碎带：工作区内出露的蚀变破碎带主要集中在东大滩忠阳山一带，该地蚀变矿物主要是菱铁矿、绢云母、白云石、绿泥石。通过实地验证，蚀变破碎带中主要赋存褐铁矿、白云石、黄钾铁矾。菱铁矿异常主要为褐铁矿化大理岩引起，绿泥石主要赋存于千枚岩和石英片岩中。

3.3.3　ASD 光谱测量与 X 射线衍射对比分析

　　在完成工区内典型岩矿的地面光谱测量数据处理的基础上，填制每个地面光谱测量点的野外测量记录表，并对不同测量点的光谱曲线特征进行描述。详细记录光谱测量点的编号、点位坐标、地表露头情况、测量环境（太阳高度角、测量时间、风力、云量、温度）、野外描述（岩性名称、蚀变类型、矿化类型）、采集样品编号、光谱曲线特征，并对野外观测点的露头情况、采集样品进行拍照登记。

　　通过对工作区内不同岩性开展 ASD 地面光谱测量显示为中酸性侵入岩体，中酸性火山岩类，片岩、片麻岩、大理岩等变质岩的光谱曲线特征峰相对明显。光谱曲线特征峰识别明显的蚀变矿物有：方解石、白云石、绿泥石、绿帘石、白云母、透闪石、黄钾铁矾、褐铁矿、孔雀石、高岭石、蒙脱石、明矾石、叶蜡石、伊利石等低温热液蚀变矿物。总结认为，通过 ASD field spec PR Pro 地面光谱测量工作，表明在工作区能够有效地识别出以下五种不同类型的蚀变矿物。

3.3.3.1 含铁矿物

对区内多个样品的测量分析结果显示，含铁矿物光谱数据特征峰比较明显的主要为褐铁矿、针铁矿和赤铁矿。例如在白峡尼山白钨矿区，其蚀变围岩的光谱曲线有两处铁离子吸收光谱峰：600～800nm 和 800～1000nm 为 Fe^{3+} 吸收峰，峰形比较平缓，反映出比较明显的褐铁矿化蚀变，地表露头也表现明显的褐铁矿化蚀变，如图 3-21（a）所示。另外，在 1410nm 附近为水汽的吸收峰，为大气水分的影响；2150～2240nm 为 Al—OH 的吸收峰，峰形较窄、较深、尖锐；2300～2370nm 为羟基的吸收峰，峰形较小，可能与伴生的绢云母化有关，如图 3-21（b）所示。通过光谱矿物分解，得到矿物的相对含量为：伊利石 52.24%、白云母 4.9%、针铁矿 42.86%，如图 3-22 所示。

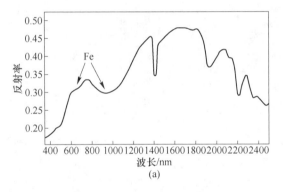

图 3-21　白峡尼山褐铁矿化蚀变样品（BSY-193）光谱曲线（a）与照片（b）

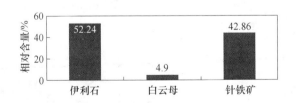

图 3-22　白峡尼山褐铁矿化蚀变 ASD 光谱分析结果

青海格尔木纳赤台忠阳山铜矿区，在一处勘探剖面上发育有强烈的赤铁矿化，其可见光－近红外光谱在 600～800nm 和 800～1100nm 范围内有两处形状宽缓但明显的吸收谱带，为 Fe^{3+} 的特征吸收峰。另外，在 2250nm 附近还有一个明显的双峰结构，为 Fe—OH 的吸收峰，表明该处含有黄钾铁矾矿物，如图 3-23 所示。通过可见光 – 近红外光谱数据采集和 Specmin 软件的光谱解算、晶体粉末 X 射线衍射分析，发现它们均含有较高的赤铁矿，如图 3-24 所示。

(a)　　　　　　　　　　　　　(b)

图 3-23　忠阳山赤铁矿样品（DOT-003）光谱曲线（a）与野外照片（b）

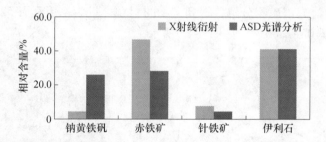

图 3-24　忠阳山赤铁矿 X 射线衍射与 ASD 光谱分析结果对比

在青海省格尔木纳赤台金矿区，见有一条勘探探槽，走向 180°，发现有褐铁矿化白云岩带。其可见光 – 近红外光谱在 600～800nm 和 800～1100nm 范围内也有两处形状宽缓但明显的吸收谱带，为 Fe^{3+} 的特征吸收峰如图 3-25 所示。通过晶体粉末 X 射线衍射分析发现，其针铁矿含量相对较高（见图 3-26），光谱解算出的矿物相对含量与其较一致。

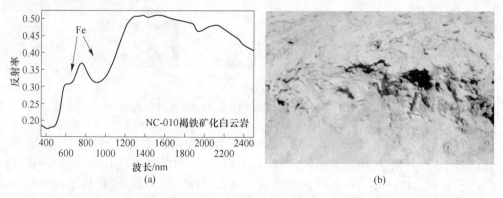

(a)　　　　　　　　　　　　　(b)

图 3-25　纳赤台金矿针铁矿样品光谱曲线（a）与野外照片（b）

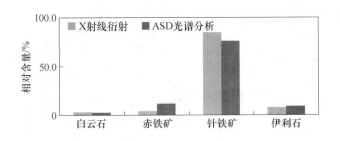

图 3-26　纳赤台针铁矿 X 射线衍射与 ASD 光谱分析结果对比

3.3.3.2　Fe—OH 类矿物

ASD 光谱测量分析显示，本区含 Fe—OH 类矿物高光谱数据特征峰比较明显的以绿泥石化中酸性侵入岩或中基性火山岩较为常见，其次在矿区以黄钾铁矾化为主。以忠阳山蚀变带为例（见图 3-27（a））；其 Fe—OH 光谱吸收峰：2207～2310nm 为黄钾铁矾的主吸收峰，峰形较深、尖锐，其主吸收峰左肩 2223nm 处有一小的吸收峰，该双峰谱带是识别黄钾铁矾的诊断谱带（见图 3-27（b））。另外，600～800nm 为 Fe^{3+} 吸收峰，峰形很缓；800～1000nm 为 Fe^{2+} 吸收峰，峰形比较平缓，反映出褐铁矿化蚀变；1400nm 附近为水汽的吸收峰。工作区内黄钾铁矾化蚀变多与金矿化相伴生，对找矿具有重要的指导意义，经异常提取显示其多呈斑点状、带状沿矿体相伴产出。通过 X 射线衍射分析和光谱分析，得到该矿区破碎蚀变带样品中各蚀变矿物的相对含量，且两种分析结果比较接近，如图 3-28所示。

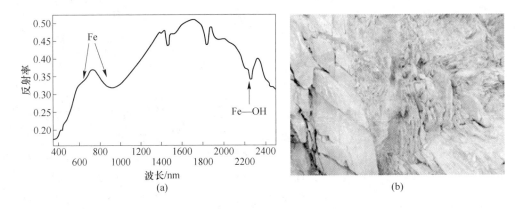

图 3-27　黄钾铁矾化蚀变样品（DDT-004F）光谱曲线（a）与照片（b）

纳赤台调查工作区五十八道沟中出露多条灰绿色闪长岩脉。通过采样测量光

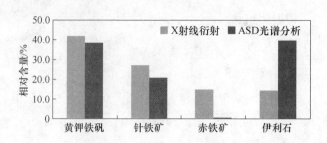

图 3-28　　忠阳山黄钾铁矾化 X 射线衍射与 ASD 光谱分析结果对比

谱发现，该处有较强的绿泥石 + 伊利石蚀变组合。其中，含有绿泥石矿物的 Fe—OH 基团特征峰出现在 2230 ~ 2280nm 之间，中心波长为 2255nm，如图 3-29 所示。

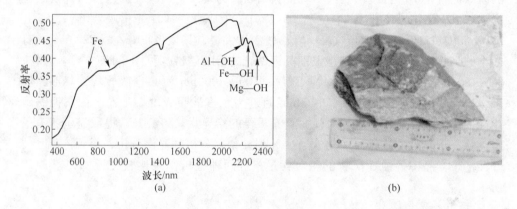

图 3-29　　绿泥石化闪长岩脉样品（XDT-004）光谱曲线（a）与照片（b）

3.3.3.3　Al—OH 类矿物

自然界含铝羟基的矿物较多，例如白云母、绢云母、高岭石、蒙脱石、明矾石等；北山工作区含 Al—OH 的岩性主要有绢云石英片岩、云母片岩、中酸性侵入体，以及广泛出露钾长花岗岩等含云母类岩石。其光谱特征也多表现为在 2210nm 处具明显 Al—OH 特征峰，如图 3-30 中钾长花岗岩光谱中其 Al—OH 吸收峰明显。通过对该工作区钾长石的薄片鉴定表明，该处钾长花岗岩主要成岩矿物及含量为：钾长石 50%、斜长石 20%、石英 25%、暗色矿物 3%、金属矿物 2%。斜长石多呈半自形板状，发育有聚片双晶，表面多产生绢云母化，因此出现明显的 Al—OH 吸收峰。通过 SpecMin 软件光谱分析，同样找到了该处钾长花岗岩发育有白云母或绢云母化的现象，其中白云母相对含量为 52.37%，针铁矿相对含量为47.63%，如图3-31所示。其次为绢云石英片岩、云母片岩，受云母类矿物的影响，在2210nm处表现出明显吸收峰，如图3-32中的绢云母石英片岩，其光谱曲线有三处特征峰，600～800nm为Fe^{3+}吸收峰，峰形很缓；1400nm附近为水汽的吸收峰；2210nm处表现出尖锐的Al—OH吸收峰。以上两类含Al—OH岩石其高光谱遥感异常多为岩石自身含有的矿物所致，或与区域变质有关，与热液蚀变关系较小，往往与成矿关系不大。遥感异常表现为与区域构造线一致的带状或面状异常。

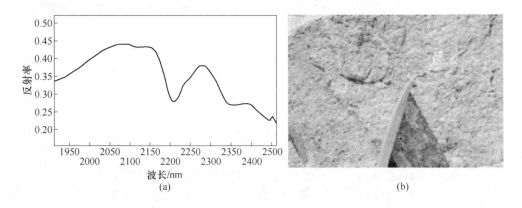

图3-30　钾长花岗岩样品光谱曲线（a）与照片（b）

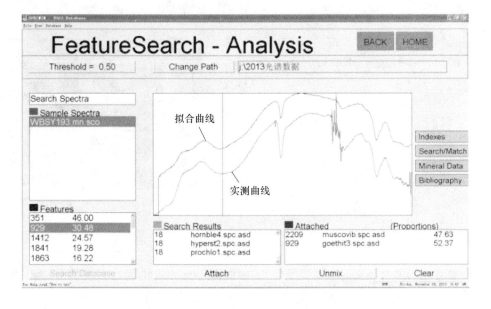

图3-31　钾长花岗岩样品光谱分析结果

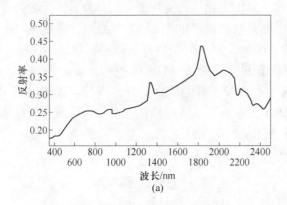

(a)　　　　　　　　　　　　　　　　　(b)

图 3-32　绢云母片岩样品光谱曲线（a）与照片（b）

3.3.3.4　Mg—OH 类矿物

　　Mg—OH 类矿物常见的有绿泥石、蛇纹石、角闪石、黑云母、透闪石、滑石等。本区发育含 Mg—OH 类矿物的岩性主要有绿泥石化中基性火山岩以及相关变质岩，如斜长角闪岩、绿泥石英片岩等。以绿泥石化英安岩为例，其 Mg—OH 光谱吸收峰主要位于 2300 ~ 2370nm 内，峰形左高右矮，如图 3-33 所示。另外，600 ~ 730nm 为 Fe^{3+} 吸收峰，峰形很缓；800 ~ 1000nm 为 Fe^{2+} 吸收峰，峰形比较平缓，反映出褐铁矿化蚀变；2210nm 附近为 Al—OH 的吸收峰，峰形较窄、吸收深度比较小；2240 ~ 2265nm 为 Fe—OH 的吸收峰，峰形尖锐，吸收深度不大。

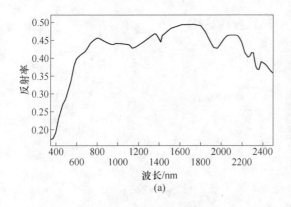

(a)　　　　　　　　　　　　　　　　　(b)

图 3-33　绿泥石化英安岩样品光谱曲线（a）与照片（b）

　　野外调查及异常验证过程表明，工作区内中基性火山岩如玄武岩、安山岩、英安岩以及角闪片岩等变质岩类因发育有绿帘石、绿泥石化，其高光谱在影像上表现出带状展布的，与区域构造线方向一致。

3.3.3.5 碳酸盐类矿物

碳酸盐类矿物包括方解石、文石、白云石、孔雀石等，北山工作区内主要分布在敦煌杂岩群中大理岩、蓟州区系平头山组纹层状大理岩、大理岩化灰岩、灰岩等。其光谱曲线特征为在2300~2350nm有较强吸收谱带，在光谱曲线上反映明显，可辨别性好，如图3-34所示。在高光谱异常提取中，其浅色调、高强度表现明显。通过X射线衍射分析和光谱分析，得到忠阳山矿区碳酸盐类样品中各蚀变矿物的相对含量，且两种分析结果成分比较接近，如图3-35所示。

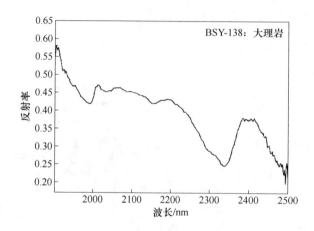

图3-34 大理岩样品光谱曲线

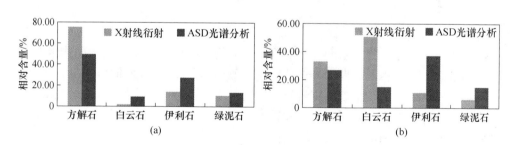

图3-35 忠阳山地区万宝沟群碳酸盐类X射线衍射与ASD光谱分析结果对比
（a）DBC-002b；（b）DBC-004a

另外，光谱测量工作显示本区沉积砂岩类岩石蚀变较弱，如石英砂岩、石英长石砂岩、变砂岩等，以上岩性其光谱吸收峰不明显，如图3-36所示。基性－超基性岩体受其色率的影响反射率极低，仅伴有弱的蛇纹石化、滑石化蚀变，其光谱曲线特征峰不明显（见图3-37），异常提取后高光谱异常信息表现较弱。

总之，通过本次光谱测量工作可以看出，不同岩性的光谱曲线具有各自独特

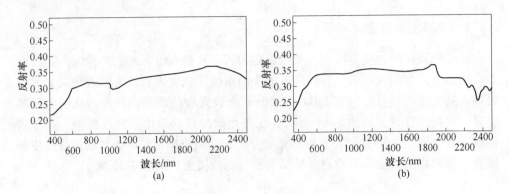

图 3-36 　沉积岩类样品光谱曲线

（a）BSY-074 石英砂岩；（b）BSY-260 凝灰质砂岩

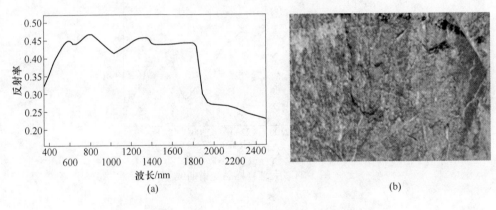

图 3-37 　透闪石化辉石岩样品光谱曲线（a）与照片（b）

的光谱特征，其光谱曲线不同。因受岩石、矿物的结构、蚀变强度、矿物组合成分和含量的影响，相同岩性的光谱曲线又有所不同，其特征峰的强度又各异。因而需要下一步系统、完整地测定岩石、矿物的光谱特性，结合实际地质情况及薄片鉴定结果进行分析，同时对光谱数据库的查找和匹配采用一定技术，以便能够更加准确地识别和判定。

3.4 热液蚀变矿物光谱规律性总结

电磁波对物质的反射光谱随着物质的物理性质不同往往表现为不同的特征值，地物化学成分和结构的细微变化也常常引起光谱的变化，光谱对化学成分和结构导致吸收位置变形的变化，可以定性或定量探测岩矿成分和温度参数。对于蚀变岩石，金属阳离子由于电子跃迁在可见光域产生显著的吸收光谱带，阴离子基团因羟基碳酸根的分子振动在红外区域产生显著的吸收特征等，这些矿物的光谱吸收带特征显著，具有诊断性，可以提取。

3.4.1 高温热液蚀变

高温热液蚀变主要产生云英岩化、矽卡岩化和电气石化。

（1）云英岩化：主要的蚀变矿物标志为白云母。白云母在波长 1410nm 和 2210nm 处有强吸收峰，在 2355nm 处有较弱的吸收峰。

（2）矽卡岩化：主要的蚀变矿物标志为方解石、普通角闪石、黑云母、透闪石和斜绿泥石。方解石在波长 2335nm 处有强吸收峰，在 2528nm 处有较强吸收峰；普通角闪石在 2315nm 处有强吸收峰，在 2386nm 处也有强吸收峰；黑云母在 2335nm 处和 2400nm 处有较弱的吸收峰；透闪石在 1393nm 和 2305nm 处有较强吸收峰，在 2380nm 附近有较弱的吸收峰；斜绿泥石 2335nm 处有较强的吸收峰，在 2255nm 处有较弱的吸收峰。

（3）电气石化：主要的蚀变矿物标志为镁电气石。镁电气石在波长 1430nm、2205nm、2245nm、2355nm 附近有较强的吸收峰。

3.4.2 中低温热液蚀变

中低温热液蚀变主要分为次生石英岩化、黄铁绢英岩化、绢云母化、泥化、绿泥石化、蛇纹石化、碳酸盐岩化、青磐岩化、滑石菱镁片岩化。

（1）次生石英岩化：主要的蚀变矿物标志为明矾石、叶蜡石和高岭石。明矾石在波长 2165nm、2325nm 处有较强的吸收峰；叶蜡石在 1393nm、2165nm、2315nm 处有较强的吸收峰；高岭石在 1410nm 和 2210nm 处有较强的吸收峰。

（2）黄铁绢英岩化：主要的蚀变矿物标志为绢云母和黄钾铁矾。绢云母在波长 1410nm 和 2210nm 处有强吸收峰，2355nm 处有较弱的吸收峰；黄钾铁矾在 1470nm、2265nm 处有比较强的吸收峰。

（3）泥化：主要的蚀变矿物标志为高岭石、蒙脱石、伊利石。高岭石在波长 1410nm 和 2210nm 处有较强的吸收峰；蒙脱石在 1410nm、1905nm 和 2215nm 处有较强的吸收峰；伊利石在 1410nm、1905nm、2195nm 和 2345nm 处有较强的吸收峰。

（4）绿泥石化：主要的蚀变矿物为鳞绿泥石和斜绿泥石。鳞绿泥石在波长 2265nm 和 2355nm 处有较强的吸收峰；斜绿泥石在 2255nm 和 2325nm 处有较强的吸收峰。

（5）蛇纹石化：主要的蚀变矿物为蛇纹石。蛇纹石在波长 1390nm 和 2325nm 处有较强的吸收峰。

3.5 小结

本章完成了方山口工作区和纳赤台工作区的近红外光谱蚀变矿物分析信息验

证工作，完成工作区岩、矿石光谱测量工作，获得光谱曲线 6600 余组，填制完成岩矿光谱记录表 334 份（方山口工作区 234 份，纳赤台工作区 100 份）。

　　本章也完成了蚀变矿物近红外光谱验证结果统计，北山方山口工作区统计 484 处，东昆仑纳赤台工作区统计 258 处。以近红外分析结果为基准统计各类蚀变矿物与 X 射线衍射矿物分析结果进行对比，两者的分析结果具有一定的相似性。由此可见，近红外光谱数据对矿物类别的分析比较可靠，在戈壁荒漠区，由于地表新近系覆盖程度低，岩石露头出露良好，其近红外测量分析工作可在一定程度上减少野外工作的工作量。

4 典型矿床近红外光谱特征综合分析

<<<<<<<<<<<<<<<<<<<<<<<<<<<<<<<<<<<<<<<<<<<<<<<<<<<<<<<<<<<<<<<<

高光谱图像数据蕴含着丰富的矿物学信息，其具有光谱数据连续性好的特点。近年来，高光谱技术在地质领域得到了深入的应用与发展，不仅深化了地质学的基础研究，也推进了高光谱遥感技术在成矿预测、地质生成环境、成因信息探测等应用的不断深入。矿物近红外光谱分析是高光谱数据处理的理论基础，通过对矿床围岩中蚀变矿物近红外光谱特征表达的研究，可以促使该理论应用于高光谱图像数据的处理。

蚀变种类、蚀变矿物组合及蚀变分带是地质找矿的重要标志，它是成矿成岩过程中水 – 岩相互作用、热动力作用以及热变质作用等的产物，蚀变矿物组合与原岩表现一定的专属性。一般而言，在岩体侵位以及地质构造等地质作用下，热液侵入、物质置换等使源于矿体的矿物质发生扩散作用，使在"未蚀变"围岩中产生用岩石学方法难以直接识别的细微成分的变化，从而形成矿物成分变化强弱不一的蚀变带；而这些成分的变化在矿物光谱中有着或强或弱的表现，如富铝云母与贫铝云母在 2000 ~ 2500nm 光谱区间的最大吸收位置发生漂移[59]。利用不同矿物的近红外光谱特征参数可以使高光谱遥感技术实现矿物种类的识别以及同种矿物细微变化的探测，实现对地质作用演化信息的探测。因此，研究蚀变类型、蚀变矿物组合的光谱特征和直接识别方法，对遥感地质找矿有重要的指导和决策意义。

本章结合工作区内已开发矿床，通过对区内不同矿化类型的矿床内开展典型地面近红外光谱测量、X 射线衍射分析、岩矿相观测等分析测试手段，对典型矿床的矿化蚀变、围岩蚀变的光谱特征测量、蚀变矿物信息进行研究，建立基于地面光谱测量的典型矿物蚀变分带模型，总结区内不同矿种的高光谱技术找矿标志，为指导进一步的矿床地质调查工作打下基础。典型剖面、典型矿床近红外光谱剖析的目的有：（1）为了更好地指导高光谱遥感数据进行更加精细的蚀变矿物分布填图；（2）使地面近红外光谱测量数据和高光谱矿物填图结果有机地结合，从而得到有效的利用。

4.1 甘肃省北山工作区

本节对甘肃省酒泉市北山方山口工作区内数条典型地质剖面进行近红外光谱测量，详细剖析不同地质单元的蚀变矿物分布特征，并对已知矿床、矿点、化探异常点进行检查，采集其蚀变岩和矿石光谱曲线。工作区内分布的矿床涵盖了北山成矿带主要的矿化类型，具有较好的代表意义，为下一步的异常信息筛选及异常地面查证工作指明了方向。

北山方山口工作区蚀变矿物的近红外光谱分析成果显示，区内发育有黄钾铁矾、褐铁矿、绿帘石、绿泥石、方解石、白云石、芒硝、富铝绢云母、中铝绢云母、贫铝绢云母等蚀变矿物异常，如图 4-1 所示。空间上分布不均，呈现出沿断裂、岩体接触带及后期岩脉富集发育的特点。

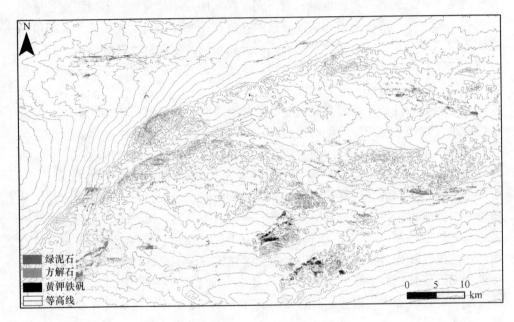

图 4-1　甘肃北山方山口地区蚀变矿物分布图

区内蚀变矿物异常提取成果图显示，蚀变矿物异常空间分布呈三种形态。

（1）由特定地质体引起的面型异常，多为绢云母、褐铁矿等蚀变矿物异常。例如，沿明金沟金矿北部的褐铁矿和绢云母异常，推测是由印支期二长花岗岩中后期辉绿玢岩脉侵入活动引起。褐铁矿化 Fe^{2+} 特征峰（800~1200nm）波段使得褐铁矿异常面积分布较广。同时由图 4-2 可以看出，云母中 Fe 离子吸收峰分布范围较窄，其位于褐铁矿较宽的铁离子吸收峰（800~1200nm）之中，产生部分褐铁矿化与绢云母化蚀变矿物异常分布范围相重合的现象。

（2）沿断裂或后期岩脉发育的线型异常，其多与区域构造线方向一致。蚀变矿物异常组合发育好、类型丰富，包括褐铁矿化、绿帘石化、中 - 富铝绢云母、碳酸盐化等蚀变异常，区内矿化体多位于此类异常中。

（3）孤立点型异常，其分布范围小，褐铁矿化、黄钾铁矾化蚀变矿物异常

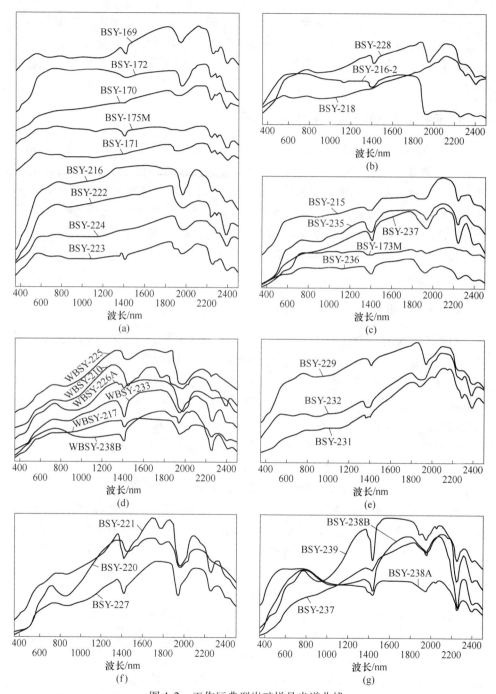

图 4-2 工作区典型岩矿样品光谱曲线

（a）蚀变闪长岩；（b）闪长岩；（c）二长花岗岩、变砂岩；（d）褐铁矿化石英脉；

（e）辉长岩；（f）褐铁矿化蚀变破碎带；（g）明金沟金矿岩矿石

发育，多为金矿化蚀变引起的异常，如金滩子南金矿。另外，由矿石堆集引起的点型异常，其形态多呈规则状。结合金银铅等元素地球化学异常分布特征，认为已知矿化区域与蚀变矿物异常组合发育地段、金银铅化探异常地区有一定的吻合。

4.1.1　典型地质剖面蚀变矿物异常分布特征

由于蚀变矿物在近红外光谱段具有独特的诊断性特征吸收谱带，使得高光谱技术在矿物识别、矿物填图中的应用成为其成功的和最能发挥其优势的领域[55,56]。本小节对区内典型的岩矿石开展地面近红外光谱测量，分析不同岩石中蚀变矿物的光谱特征，确定其蚀变矿物种类、共生组合关系，分析蚀变矿物光谱与岩性的对应关系，研究蚀变矿物的分带性与分布规律，进而达到检验、指导高光谱技术蚀变异常矿物信息的提取，促进高光谱遥感技术与地质找矿工作的有机结合的目的。

4.1.1.1　明金沟 – 金滩子南金矿一带近红外光谱测量路线

明金沟 – 金滩子验证路线位于工作区北部，纵穿明金沟金矿区和金滩子金矿区，起点坐标：东经94°35′15″，北纬41°08′05″，海拔1736m，长4200m，方位180°~187°。沿途出露地质体包括石英闪长岩、二长花岗岩、变砂岩、褐铁矿化石英脉、辉长岩、褐铁矿化蚀变破碎带等。对其地面近红外光谱测量显示，不同地质体的光谱曲线除均有1380~1430nm和1907nm的水汽吸收峰外，又具有各自不同的吸收特征峰（参照USGS光谱数据库），如图4-2所示。

石英闪长岩受后期岩体、岩脉侵入活动影响，在其边部及接触带部位绿帘（泥）石化发育，光谱曲线表现在波长2200nm处Al—OH吸收峰和位于2300~2380nm处Mg—OH吸收峰明显。部分样品有2250nm处Fe—OH吸收峰，峰形较浅，光谱特征也表明石英闪长岩受后期热液活动影响发育绿帘石化蚀变。部分样品在1410nm处有弱吸收峰，峰型较尖锐，为风化作用形成的高岭石引起，如图4-2(a)所示。地表见有褐铁矿、中 – 富铝绢云母、绿泥（帘）石蚀变矿物异常相一致；而位于岩体中部的石英闪长岩，其蚀变矿物不发育，光谱测量显示Al—OH、Mg—OH特征吸收峰不发育或发育较弱，如图4-2(b)所示。

二长花岗岩为后期印支期侵入体，有明显的2200nm处Al—OH吸收峰，峰形深，其次为2300~2380nm内的Mg—OH吸收峰，但峰形较浅。个别受后期风化作用的影响，如BSY-235发育880~1220nm的Fe^{2+}吸收峰，如图4-2(c)所示。中泥盆统三个井组变砂岩（BSY-236）仅发育有Al—OH异常（见图4-2(c)），可见中 – 富铝绢云母异常。

辉长岩、辉绿岩呈岩株或岩脉状产出，2300~2380nm范围内Mg—OH吸收峰发育，峰形较深，与地表接触带发育的绿泥石化相吻合；2200nm 处 Al—OH 吸收峰模糊出现；采于辉绿岩脉中的 BSY-229 样品受交代作用的影响，800 ~ 1200nm 出现宽缓 Fe^{2+} 吸收峰，如图 4-2（e）所示。

工作区内石英脉分为两类，一类呈宽脉（脉宽 >50cm）产出延伸远，呈白色、乳白色块状构造，质地较纯净，抗风化能力强，反射率高；其与两侧围岩呈侵入接触关系，蚀变不发育，含矿性差。另一类呈细脉（脉宽多 <50cm）产出延伸短，产于中酸性岩体中的断裂内，岩石破碎蚀变强，两侧围岩蚀变较发育，富含硫化物（黄铁矿、方铅矿、黄铜矿），呈烟灰色、褐黄色。金矿化多赋存于后者中，其中硫化物受地表氧化作用形成褐铁矿化、孔雀石化。对后者光谱测量，显示其发育有 600 ~ 800nm 的 Fe^{3+} 和 800 ~ 1200nm 的 Fe^{2+} 褐铁矿化吸收峰，且普遍发育 Al—OH、Mg—OH 吸收峰（见图 4-2（d）），与其两侧围岩蚀变强且呈过渡渐变接触关系相吻合，表明其来源于同期的岩浆热液。

蚀变破碎带中碎土样光谱测量显示，其与褐铁矿化石英脉具有相近的光谱特征，均表现有 Fe^{3+}、Fe^{2+}、Al—OH 和弱 Mg—OH 吸收峰（见图 4-2（f））。X 射线衍射分析表明，其矿物组分以继承性矿物石英、长石为主（见表 4-1），后期风化蚀变矿物为伊利石、绿泥石、方解石、蒙脱石、石膏等，少量为赤铁矿，推测其为蚀变破碎带在干旱半干旱环境下所产生的风化淋滤矿物。

表 4-1　甘肃北山地区蚀变破碎带 X 射线衍射矿物成分（质量分数）　（%）

采样位置	样号	石英	斜长石	钾长石	方解石	赤铁矿	石膏	蒙脱石	伊利石	绿泥石
金滩子金矿	BSY-221	43.3	5	0.3	4.2		35.2		11	1
	BSY-227	30.7	3.3	0.4	28.8	1.4	2.4	6	22	5

注：数据由西安地质矿产研究所实验测试中心提供。

结合区内明金沟 - 金滩子一带蚀变矿物分布特征，发现位于验证路线北部的二长花岗岩与变砂岩接触带部位产出有褐铁矿、中 - 富铝绢云母、绿帘（泥）石、白云岩蚀变矿物异常，且在断层及其交汇部位异常强度有增高趋势，如明金沟地区。另外，在剖面中部的二长花岗岩，其与辉长岩、砂岩接触带部位产出有褐铁矿、中 - 富铝绢云母、绿泥石、白云岩蚀变矿物异常，局部可有少量黄钾铁矾、绿帘石异常。剖面南部华力西早期的石英闪长岩中的褐铁矿、富铝绢云母、白云石等蚀变矿物异常主要沿接触带和断裂产出，显示出蚀变矿物与后期热液活动及构造事件关系密切。结合剖面中样品的地面近红外光谱测量（见图 4-2）表明，以上不同地质体的光谱异常分布与地面光谱曲线特征吻合较好。

综上认为，蚀变矿物异常提取信息与地面典型岩矿光谱测量曲线特征相吻合，与化探异常叠合有一定吻合，已知矿点上的蚀变矿物异常明显，表明该方法在北山地区具有较好的适用性；在断裂交汇部位及岩体接触带发育地段，其蚀变矿物组合异常明显较发育，成矿条件有利。

4.1.1.2 老金场金矿区一带近红外光谱测量路线

老金场金矿区一带验证路线位于老金场金矿区东部，纵穿老金场矿区，路线起点坐标：东经94°58′08″，北纬40°56′47″，海拔1713m，长6060m，方位168°。矿区出露的岩性有粗砂岩、细砂岩、炭质泥岩、泥质粉砂岩、砂质砾岩、泥钙质板岩、花岗岩脉、玄武岩、闪长玢岩、英安玢岩、辉长岩脉等，如图4-3所示。前人研究认为，矿区发育有与中性火山岩和基性–超基性岩脉相关的中–低温热液脉型金矿床，矿体延伸及展布明显受东西向断裂构造控制（图4-4）。金矿化体赋存在碎屑岩中的褐铁矿化破碎带及闪长玢岩、辉长岩脉边部接触带上。

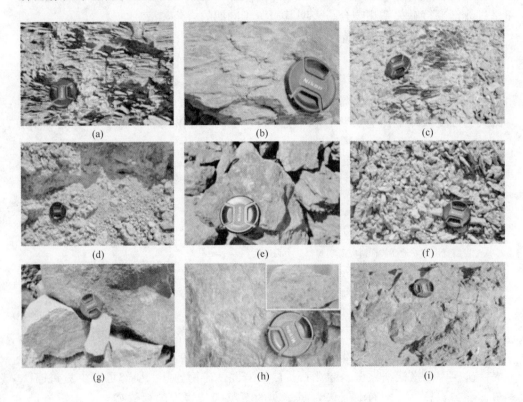

图4-3 老金场地区岩性野外照片

（a）砂岩；（b）黄铁矿化砂岩；（c）褐铁矿化砂岩；（d）黄钾铁矾蚀变带；（e）褐铁矿化蚀变带；
（f）花岗岩脉；（g）辉长岩脉；（h）英安玢岩；（i）玄武岩

剖面内岩矿光谱测量结果显示，碎屑岩类反射率变化较大（0.05~0.4），有2205nm处弱的Al—OH吸收峰，个别位于岩体接触带上弱2340nm的OH吸收峰，

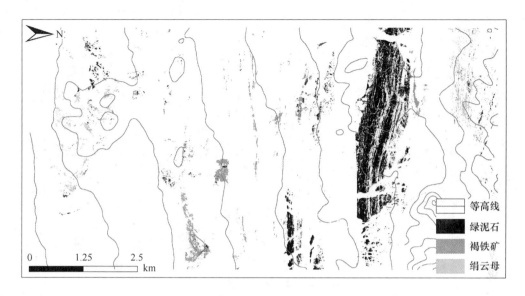

图4-4 老金场地区蚀变矿物分布

如图4-5（b）所示。硅化英安玢岩（BSY-275）、闪长玢岩（BSY-278/282）等有2250nm处的Fe—OH、2340nm处的OH、Fe^{3+}吸收峰，表现出明显的绿泥石化特征，如图4-5（a）所示。辉长岩脉（BSY-283）与英安玢岩的光谱曲线近似，如图4-5（a）所示。花岗岩脉（BSY-268）有明显的2210nm处Al—OH吸收峰、2340nm处CO_3^{2-}、Fe^{3+}、Fe^{2+}吸收峰，如图4-5（c）所示。

异常提取成果显示，矿区内有褐铁矿化、黄钾铁矾化、绿泥石、绿帘石、白云石、方解石、贫－中－富铝绢云母等。蚀变矿物呈近东西线性展布，与区域构造线方位一致。受岩性分布的影响，其表现出不同的蚀变矿物分布特征。其中碎屑岩类、板岩类异常不发育，局部见有高铝绢云母化。花岗岩脉、岩体接触带及破碎带中蚀变矿物发育。其中，花岗岩脉呈黄褐色，地表风化强烈，各种蚀变矿物均见出现。破碎蚀变带中以褐铁矿、绢云母异常为主，而英安玢岩、闪长玢岩体接触带则分布有绿泥石、绿帘石、绢云母异常等，如图4-4（d）～（f）所示。在老金场南侧见有后期花岗岩脉侵入于二叠纪地层中，花岗岩中发育褐铁矿、绿泥－绿帘石异常，外围可见有中－富铝绢云母异常。由此可见，区内不同岩石类型的蚀变矿物分布与本次地面光谱测量吻合较好。

区内产出于两种地质条件下的金矿体，具有不同的异常分布特征。（1）沿英安玢岩和碎屑岩产出的金矿体发育褐铁矿、黄钾铁矾及富铝绢云母异常组合，而英安玢岩受后期热液活动的影响表现出绿泥－绿帘石化，如图4-4（d）～（f）所示。（2）产于碎屑岩中的金矿体，赋存在破碎的石英脉中，发育为强的褐铁

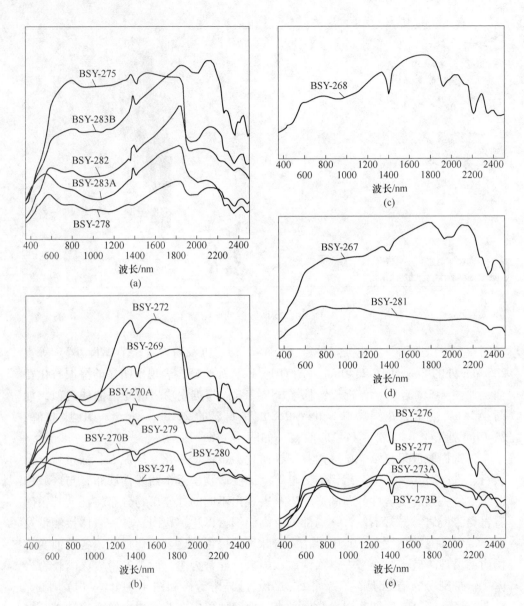

图 4-5　老金场地区岩矿光谱曲线

（a）中基性岩浆岩；（b）砂岩类；（c）花岗岩脉；（d）玄武岩；（e）褐铁矿化蚀变带

矿化和富铝绢云母化。由其矿化的褐铁矿化蚀变带的光谱曲线也表现出这一特点，如图4-5(e)所示。因此，在本区寻找与近东西向断裂构造相关的线性以褐铁矿化＋富铝绢云母化蚀变组合为主，特别是辉绿玢岩、辉长岩脉、辉石岩脉边部的断层部位。实际调查中注重硅化、黄铁矿化、褪色蚀变区段的寻找，尤其是含有细脉状褐铁矿化、烟灰色石英脉、糖粒状石英细脉发育地段是找金矿的有利标志。

4.1.1.3 明水河金矿-新井金矿一带近红外光谱测量路线

明水河金矿-新井金矿一带光谱测量路线位于工作区北侧，自明水河金矿北向南达新井金矿处，起点坐标：东经94°38′05″，北纬41°08′17″，海拔1674m，长7400m，路线方位145°~180°。野外地质调查显示，沿途出露的地质体有三个井组变质砂岩、辉绿岩脉、辉长岩、钾长花岗岩、二长花岗岩、石英闪长岩等。从路线矿物异常综合剖面可以看出，剖面内蚀变矿物异常主要有褐铁矿、绿帘石、绿泥石、白云石、高铝绢云母等矿物异常，少量黄钾铁矾、中铝绢云母、方解石异常等，异常展布形态整体与构造线方向一致（见图4-6），异常具有沿断层、接触带、地层捕房体强发育的特点。其中，绿泥石、绿帘石、绢云母、白云石异常具有沿三个井组地层捕房体发育较强、绢云母化具有沿后期岩脉蚀变异常发育的特征，褐铁矿化则明显受到断层及钾长花岗岩控制。

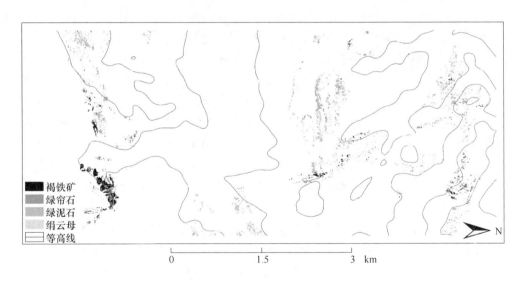

图4-6 明水河金矿-新井金矿一带北段蚀变矿物分布

结合地表光谱测量显示，图4-7（a）中为岩性是灰绿色中-细粒石英闪长岩的样品，整体来看其蚀变较弱，吸收特征峰发育不明显，在波长2210nm处和2345nm处发育弱的Al—OH吸收峰和Fe—OH吸收峰，形成绿泥石和绢云母化蚀变。图4-7（b）中样品为灰绿色中-细粒闪长岩，多与石英闪长岩呈过渡状态产于其中，分布较少，其光谱曲线特征吸收峰与图4-7（a）相近。图4-7（c）中样品为（二长）花岗岩（WBS003，WBSY002）、正长花岗岩（WBS001-1，

WBSY012），其中前者主要表现有 2210nm 处和 2340nm 处的 Al—OH 和 Fe—OH 吸收峰，后者则除了以上两种吸收峰外有明显的 Fe 离子吸收峰，与剖面南部新井金矿南的正长花岗岩中发育的褐铁矿化、绢云母化、绿泥石化蚀变相吻合。图 4-7(d) 中为辉长岩，其特征吸收峰不发育。图 4-7(e) 主要为变砂岩，从光谱曲线可以看出，仅发育有模糊的 Al—OH 和 Fe—OH 吸收峰，表现弱的绿泥石、绿帘石、绢云母蚀变，与剖面中星点状零散分布的异常相一致。图 4-7(f) 样品取自于明水河金矿中，其中样品 WBS010-1、WBS010-3、WBS010-4 为石英闪长岩，光谱曲线显示其有绿泥石、绢云母特征吸收峰。样品 WBS010-2、WBS010-5 为含金蚀变岩，光谱测量显示其具有绢云母化、褐铁矿化、Fe—OH 蚀变；由综合剖面图在明水河金矿可见近南北向产出的中铝绢云母 + 绿泥石 + 褐铁矿蚀变异常组合，其整体形态与区域构造线方向近垂直，明显受近南北向断层控制。图 4-7(g) 中样品主要取自明水河金矿西侧，其中 WBS007-2 为石英闪长岩，有蒙脱石 + 褐铁矿化特征吸收峰，其余的样品为褐铁矿化石英脉，具有中铝绢云母 + 褐铁矿蚀变异常组合。

选择剖面中典型岩石进行岩相鉴定，样品 BS009-1 采于明水河金矿西侧，地理坐标：北纬 41°07′22″，西经 94°39′15″。岩性为灰绿色中 - 细粒硅化闪长岩，其中发育有石英脉，并见有褐铁矿化发育在脉体周围，其西侧见有钾化蚀变。岩石镜下鉴定：岩石原岩可能为花岗闪长岩，经历了气液变质作用，发生绢云母化、绿帘石化、硅化等作用而成，主要由石英、绿帘石、绢云母、绿泥石及少量磷灰石组成，如图 4-8(a) 所示。另外，有少量金属矿物，其中石英呈粒状，多呈不规则粒状，大小在 0.1mm × 0.1mm ~ 0.6mm × 0.8mm 之间。石英颗粒分两种，一种是硅化作用产生的石英，形状极不规则；一种是原岩中的石英，由于硅化作用也产生次生长大。绿帘石形态呈粒状，在镜下干涉色可达二级蓝绿，颜色较鲜艳，大小在 0.1mm × 0.1mm ~ 0.5mm × 0.5mm 之间，为原岩中斜长石或暗色矿物的蚀变产物，还可见细小的绿帘石脉，如图 4-8(b) 所示。绿泥石由原岩中黑云母退变质而成，保留黑云母的片状晶形假象。绢云母呈细小鳞片状，由原岩中斜长石蚀变而来，部分保留斜长石的板状晶形假象。磷灰石少量呈短柱状，为气液变质作用的产物。另外，岩石中的金属矿物呈他形粒状，大小在 0.01 ~ 0.1mm 之间，星散状分布，约占岩石含量的 3%，推测为黄铁矿。鉴定显示其蚀变类型包括硅化、绿帘石化、绢云母化。与该点异常查证的中 - 高铝绢云母化、绿帘石化相一致，同时岩石中含有的黄铁矿受地表氧化作用影响形成了褐铁矿，以上几种岩石在其光谱曲线 WBS009 上均有所体现。X 荧光快速分析显示，该处褐铁矿化破碎带含有 As 为 0.12% ~ 0.17%，Fe 为 3.01% ~ 5% 等元素异常，推测 As、Fe 异常为金矿伴生的蚀变晕，因此该处可能为明水河金矿的西延部分。

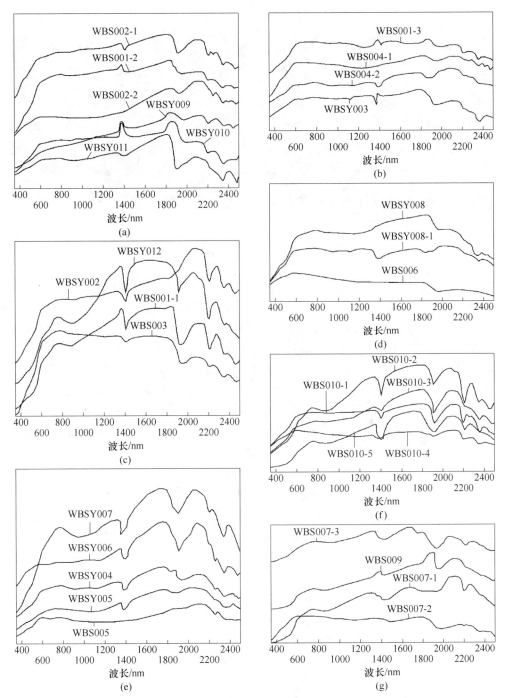

图 4-7 明水河金矿 – 新井金矿 L6 线剖面典型岩矿石光谱曲线

（a）石英闪长岩；（b）闪长岩；（c）花岗岩；（d）辉长岩；（e）变砂岩；

（f）明水河金矿矿石；（g）矿化蚀变样

图 4-8　样品 BS009-1 镜下鉴定照片

剖面中样品 BS008-2 采于 WBS009 西，地理坐标：北纬 41°07′22.2″，东经 94°39′08.8″，主要为细粒闪长岩，局部见有后期辉绿岩脉侵入，具有弱磁性。对细粒闪长岩的镜下鉴定显示：含有斜长石 50%，角闪石 40%，石英 2%，黑云母少量，金属矿物 8%。岩石主要由斜长石、角闪石及少量石英组成，并含金属矿物。其中，斜长石呈半自形板状，大小在 0.25mm × 0.5mm ~ 0.5mm × 1.2mm 之间。次生蚀变明显，多被绢云母交代，保留其板状晶形假象，如图 4-9（a）所示。角闪石多呈短柱状，大小在 0.2mm × 0.2mm ~ 0.5mm × 1mm 之间，角闪石蚀变明显，被黝帘石、绿帘石交代，仍保留其柱状假象，如图 4-9（b）所示。蚀变过程中析出熔滴状金属矿物，推测为磁铁矿。岩石中还可能有少量黑云母，现已退变质成绿泥石。石英呈不规则状填隙于斜长石与闪石之间的缝隙中，大小在 0.1 ~ 0.5mm 之间。金属矿物分两种，一种呈不规则粒状，大小在 0.2 ~ 0.5mm 之间；另一种呈熔滴状，为暗色矿物闪石被交代后的产物，分布在闪石中，颗粒小于 0.1mm。蚀变与矿化发育有斜长石绢云母化、角闪石帘石化、绿泥石化，与该区提取的蚀变矿物异常相吻合。

综合区内典型岩石光谱测量及地质剖面剖析，显示高光谱遥感异常提取与地面光谱测量结果相吻合，区内高光谱蚀变矿物异常分布形态与区域构造线方向相一致，不同地质单元表现出各异的蚀变矿物异常组合及影像特征。例如，钾长花岗岩影像上呈肉红色、浅紫红色，以发育褐铁矿 + 中铝绢云母为主要标志，在与其他中 – 基性侵入体接触时可见有绿帘石 + 绿泥石 + 高铝绢云母等异常组合；大理岩影像上呈灰白色、发射率高，影像较光滑，山脊成浑圆状，伴有方解石 + 白云石异常组合等。通过这些遥感影像标志及异常组合标志的建立，再综合地质分析，结合典型矿床的高光谱遥感信息剖析，将为下一步异常筛选及查证工作提供强有力的支持。

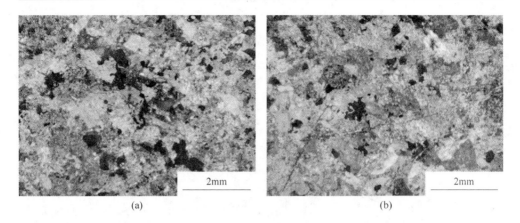

图 4-9　样品 BS008-2 镜下鉴定照片

（a）BS008-2 镜下板状晶形假象；（b）BS008-2 镜下短柱状角闪石

4.1.2　典型矿床近红外光谱特征

研究表明，甘肃省北山方山口一带以金、钨、铁矿化为主，其中金矿化是区内主要的成矿类型。区内金矿化以含金石英脉为主，也有破碎蚀变岩型。伴随金矿化较强的硅化、褐铁矿化、绿泥石化、绿帘石化、碳酸盐化、黄钾铁矾化、绢云母化等围岩蚀变，其成矿多与花岗岩热液作用在成因上有密切联系。与航空高光谱遥感测量相结合，对区内典型的岩矿石开展 ASD 地面光谱测量，分析不同岩石中蚀变矿物的光谱特征，确定其蚀变矿物种类、共生组合关系，分析蚀变矿物光谱与岩性的对应关系，研究蚀变矿物的分带性与分布规律，进而检验、指导机载高光谱蚀变异常矿物信息的提取，促进高光谱遥感技术与地质找矿工作的有机结合。

4.1.2.1　金滩子南金矿

金滩子南金矿位于工作区的北部，坐标：北纬 41°05′52″，东经 94°34′07″，矿区为大面积的早华力西期石英闪长岩，后期被印支期二长花岗岩侵入，脉岩有二长花岗岩、辉绿岩脉、石英脉。区内金矿体赋存在石英闪长岩体中断层破碎带内的石英脉里，破碎带呈东西向延伸，产状 160°~190°∠68°~80°，如图 4-10 所示。石英脉宽 10~20cm，脉体呈透镜状，束状近平行产出。

金属矿物见有黄铁矿、黄铜矿、方铅矿、闪锌矿、赤铁矿，地表氧化见褐铁矿及少量孔雀石。金矿化体伴有硅化、黄铁矿化（褐铁矿化）、黄钾铁矾化。石英闪长岩围岩见有绿帘石化、绿泥石化、钾化（见图 4-11），绢云母化、高岭土化及碳酸盐化，地表可见蚀变带宽 2~5m。其围岩蚀变具有较好的分带性，自矿体向围岩依次为硅化 - 黄铁矿化（褐铁矿化）- 绿帘石化 - 绿泥石化，如图 4-12

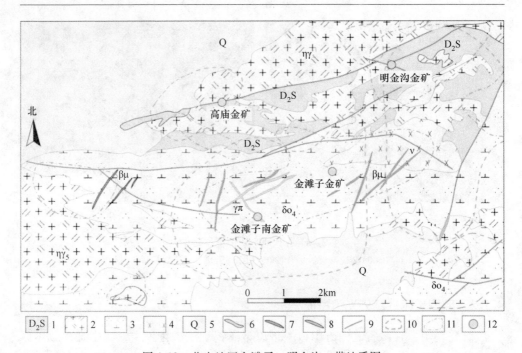

图 4-10　北山地区金滩子 - 明金沟一带地质图

1—三个井组；2—二长花岗岩；3—石英闪长岩；4—辉长辉绿岩；5—新近系；6—花岗斑岩脉；
7—辉绿玢岩脉；8—石英脉；9—断裂；10—金银化探异常；11—金铅重砂异常；12—金矿点

所示。调查过程中见有多处探矿钻孔，呈北东东向排布，找矿潜力较好。

　　金滩子金矿区高光谱影像上石英闪长岩呈灰白色、高亮度特征，可见有后期带状灰红色花岗岩脉、灰黑色辉绿岩脉侵入。蚀变矿物异常分布主要呈线型、点型异常分布，高光谱异常显示有富铝绢云母、中铝绢云母、绿帘石、绿泥石、褐铁矿、白云石及方解石异常，如图 4-13 所示。遥感蚀变异常组合主要沿断层处或后期花岗斑岩脉侵入处发育，其中褐铁矿 + 富铝绢云母 + 中铝绢云母 + 绿帘石蚀变异常组合与矿化区域相吻合。局部点型异常为受后期人为采矿活动的影响，沿堆浸矿石堆发育有规则状异常区。蚀变矿物异常分布，密集地区多分布在区域 Au、Ag、As、Cu 地球化学异常和金铅矿物重砂异常中，两者吻合较好。

　　对金滩子金矿床矿区的蚀变花岗闪长岩（WBSY-216）、褐铁矿化石英脉（WBSY-217）矿体和绿泥石化石英闪长岩（WBSY-218）进行光谱测量显示（见图 4-14）：前两者有较高反射率，后者反射率较低。WBSY-216 和 WBSY-217 光谱吸收主要有 7 处吸收峰：600 ~ 800nm、800 ~ 1000nm 为铁离子吸收峰，峰形平缓；1380 ~ 1430nm 和 1907nm 为水汽的吸收峰；1990 ~ 2010nm 可能为结晶水的吸收峰，峰形较小、深度浅；2190 ~ 2220nm 有 Al—OH 吸收峰，峰形明显，与

图 4-11　金滩子金矿围岩蚀变野外照片

（a）褐铁矿化含金石英脉；（b）绿帘石化、钾化石英闪长岩；（c）赤铁矿化；（d）褐铁矿化破碎带

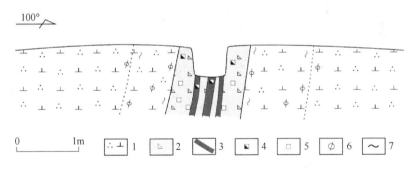

图 4-12　金滩子金矿蚀变分带图

1—石英闪长岩；2—蚀变破碎带；3—含金石英脉；4—褐铁矿化；

5—黄铁矿化；6—绿帘石；7—绿泥石化

高岭土化有关；2320~2360nm 有 Mg—OH 吸收峰，峰形较模糊，与绿泥石化有关。WBSY-218 有 6 处吸收峰，无 Al—OH 吸收峰。

　　金滩子金矿外围灰绿色中粒闪长岩中红褐色蚀变破碎石英脉中多见自形粒状黄铁矿，风化呈黑色，少量孔雀石化。光谱测量显示（见图 4-15）：光谱吸收主要有 7 处吸收峰：600~800nm、800~1000nm 附近为铁离子吸收峰，峰形平缓；

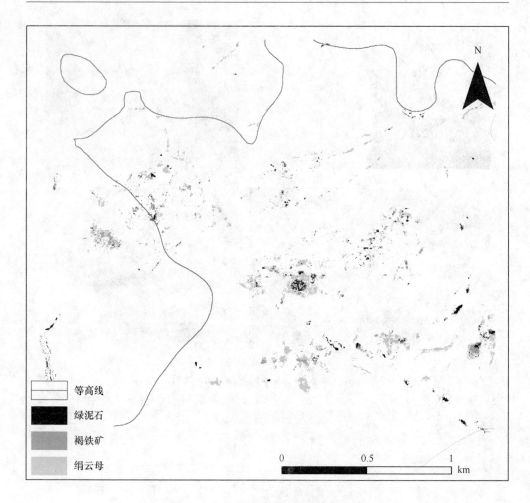

	等高线
	绿泥石
	褐铁矿
	绢云母

图 4-13　金滩子金矿蚀变矿物分布图

（a）　　　　　　　　　　　　　　　　　　　（b）

图 4-14　金滩子金矿床光谱曲线（a）与照片（b）

1400～1570nm、1700～1790nm、1900～1960nm 为水分的吸收峰；1990～2010nm 可能为结晶水的吸收峰，峰形较小、深度浅；2170～2220nm 有 Al—OH 吸收峰，峰形明显；2250～2280nm 有 Fe—OH 吸收峰，峰形小，表现强褐铁矿化。

图 4-15　金滩子金矿床外围石英脉光谱曲线（a）与照片（b）

对蚀变破碎带中的碎土样进行光谱测量，测量显示其光谱曲线特征与褐铁矿化石英脉相似，均表现有 Fe^{3+}、Fe^{2+}、Al—OH 和弱 Mg—OH 吸收峰，对其矿物成分进行 X 射线衍射分析可以看出（见表4-2），其矿物组分以石英为主，后期风化蚀变矿物为伊利石、绿泥石、方解石、蒙脱石、石膏等，少量为赤铁矿、铁白云石，可能与矿体分布于蚀变破碎带，易受本区干燥风化环境的影响，由产生的风化淋滤矿物引起。

表4-2　北山地区蚀变破碎带 X 射线衍射矿物成分（质量分数）　　（%）

样号	采样位置	石英	斜长石	钾长石	方解石	赤铁矿	石膏	蒙脱石	伊利石	绿泥石
BSY-221	金滩子	43.3	5	0.3	4.2		35.2	—	11	1
BSY-227	金滩子	30.7	3.3	0.4	28.8	1.4	2.4	6	22	5
BS010-5	明水河	38.5	19.5	15.5	2.8	1.3		2.0	15.0	5.0

注：数据来源于西安地质矿产研究所实验测试中心。

以上光谱测量表明，金滩子金矿床主要沿褐铁矿化硅化破碎带产出，标志性蚀变矿物为硅化、褐铁矿化，两侧石英闪长岩伴有绿帘石化、绿泥石化蚀变构成其遥感蚀变识别标志。

4.1.2.2　明水河金矿

明水河金矿位于石庙金矿南，处于工作区中部。地理坐标：北纬 41°07′15″，东经 94°39′15″。明水河金矿床位于 L6 线北部，矿区出露有石英闪长岩体，西部见有辉长岩、辉绿岩，见有后期二长花岗岩侵入，矿区西北部见有三个井组捕虏体，矿区中部见多条近东西向花岗岩脉。该金矿体主要赋存在闪长岩体边部的破碎蚀变带中，矿体走向约62°，倾角较陡为80°，地表破碎蚀变带出露宽30～40m，长约2km。地表蚀变表现有强烈的褐铁矿化、硅化、碳酸盐化，外围岩体伴有强烈的钾化及绿泥石化，如图4-16(a)、(c) 所示。其光谱曲线表现出 Fe—OH 及 Mg—OH 的特征峰，且反射率较高；与其他岩体常沿节理或裂隙仅发育弱的绿帘石化吸收峰、具有弱的反射率的光谱特征有明显区别（见图4-16(b)、(d)），显示其与非矿化相关的岩体蚀变，则表现较好的可识别性。

图4-16　明水河金矿蚀变闪长岩与绿帘石化闪长岩照片(a)、(b)与光谱曲线(c)、(d)

例如，明水河金矿蚀变围岩蚀变闪长岩（WBS010-3）和外围闪长岩体（WBS010-1，WBS010-4）的光谱曲线（见图4-17），蚀变闪长岩（WBS010-3）主要有7处吸收峰：600～800nm 和 800～1000nm 为铁离子吸收峰，峰形非常平缓，反映出褐铁矿化蚀变；1429～1583nm 和 1948nm 附近为水汽的吸收峰；2212nm 附近有一吸收峰，峰形较弱、深度小，为 Al—OH 吸收峰，主要由白云母引起；2250nm 和 2345nm 附近两处吸收峰主要由绿泥石引起。经 Specmin 软件计算得出，其蚀变矿物主要有绿泥石、蒙脱石、黄钾铁矾、白云母等。而外围闪长岩体（WBS010-1，WBS010-4）两者吸收峰相近，较前者发射率低，铁离子吸收峰不明显，Al—OH 吸收峰较深。经 Specmin 软件计算得出，其蚀变矿物有绿泥石、蒙脱石、奥帘石、白云母等。

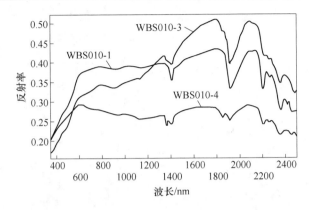

图 4-17　明水河金矿蚀变围岩光谱曲线

明水河金矿区影像上石英闪长岩呈灰黑色，二长花岗岩呈浅红灰色，后期近东西向灰红色花岗岩脉发育。矿区蚀变矿物异常分布主要呈点状异常分布（见图 4-18），高光谱异常显示有富铝绢云母、中铝绢云母、绿帘石、绿泥石、褐铁矿异常。区内广泛分布的绿泥石化、白云岩化沿三个井组变砂岩、辉长岩产出，特别在岩体接触部位发育较好。推断为主要与石英闪长岩受后期岩浆热液活动的影响产生的蚀变矿物有关；其次分布有芒硝、方解石、白云石，脉状产出的高铝绢云母化、白云岩化、绿泥石化异常近东西向产出与花岗岩脉相吻合，推断是后期花岗岩脉侵入至石英闪长岩中绢云化所致。受后期人为采矿活动的影响，沿堆浸矿石堆发育有规则状异常区。

矿区见有一石英脉，受断层控制近南北走向，是区内主要的赋矿区段；其周围分布有褐铁矿、绿泥石、绿帘石、方解石、白云石、黄钾铁矾等蚀变矿物异常，表现出强的、丰富的蚀变矿物异常组合，很好地指示出矿体的位置。

明水河金矿中褐铁矿化蚀变样品（WBS010-5）的 X 射线衍射矿物成分分析显示（见图 4-19），其主要继承于原岩石英闪长岩的矿物成分，以石英、斜长石、钾长石为主，后期风化蚀变矿物为伊利石、绿泥石、方解石、蒙脱石等，少量为赤铁矿、铁白云石，可能由黄铁矿氧化、碳酸盐化所致。结合 X 射线衍射矿物分析可能与矿体分布于蚀变破碎带，易受本区干燥风化环境的影响，产生的风化淋滤矿物引起。

以上不同蚀变矿物的叠加显示出与区域矿化蚀变带相一致的趋势，同时矿区的蚀变矿物分布密集地区与区域 Au、Ag、As、Cu 地球化学异常和金铅矿物重砂异常分布区域相吻合，因此在下一步筛选验证区过程中，地球化学、重砂异常区也作为一个重要的筛选条件。

4.1.2.3　明金沟金矿

明金沟金矿床位于工作区北东部，处于北东向压扭与次级北西向断裂交汇

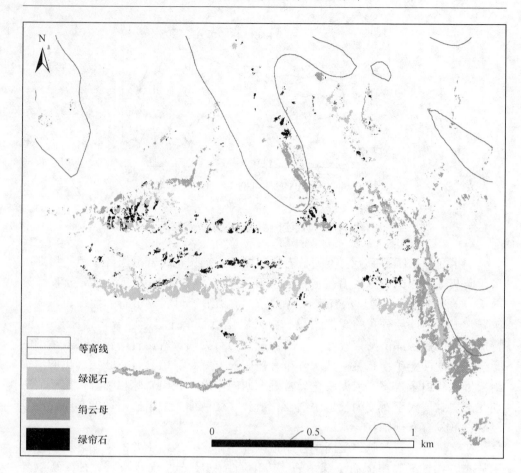

图 4-18 明水河金矿蚀变矿物分布图

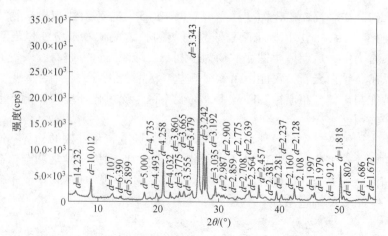

图 4-19 明水河金矿样品 X 射线衍射矿物成分图

（数据由西安地质矿产研究所实验测试中心提供）

处，金矿化产于华力西中期钾长花岗岩与华力西期石英闪长岩接触带之间的后期碎裂花岗岩内[60]，赋存在碎裂蚀变花岗岩内的含石英破碎带中。矿区发育含金石英脉破碎带两条，呈近平行产出，产状345°∠76°，地表呈黄褐色负地形特征，尤其在断裂蚀变破碎带中的硅化石英脉、黄铁矿化、糜棱岩化分布地段，为较好的找矿标志。矿区地质剖面显示，金矿体自矿体向外围依次发育有硅化、褐铁矿化（黄铁矿化）、绿泥石化、绿帘石化，外围有少量碳酸盐化，如图 4-20 所示。

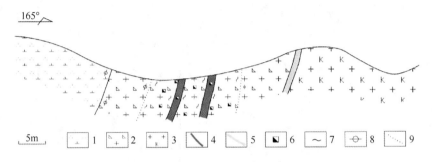

图 4-20　明金沟金矿蚀变分带图

1—石英闪长岩；2—碎裂蚀变花岗岩；3—钾长花岗岩；4—金矿体；5—石英脉；

6—褐铁矿化；7—绿泥石化；8—绿帘石化；9—蚀变分带界线

矿区自南向北依次取样，包括钾长花岗岩、石英闪长岩、蚀变岩和石英脉型矿石，其光谱测量显示其均有 1380 ~ 1430nm 和 1907nm 附近的水汽吸收峰，此外还表现出各自不同的吸收特征峰，如图 4-21 所示。

钾长花岗岩（BSY-237）在 2150 ~ 2220nm 有 Al—OH 吸收峰，峰形较窄、尖锐，表现出强的绢云母化；2240 ~ 2265nm 为 Fe—OH 吸收峰，吸收浅、峰形窄；2340nm 附近为 Mg—OH 吸收峰，峰形左高右矮，峰形不好，推测与绢云母化有关，如图 4-21(a) 所示。

石英闪长岩（BSY-239）有 4 处吸收峰：600 ~ 800nm 处的 Fe^{3+}，800 ~ 1200nm 的 Fe^{2+} 吸收峰，峰形较尖锐；2300 ~ 2370nm 为 Mg—OH 吸收峰，峰形浅，反映出褐铁矿化、绿泥石化蚀变；2150 ~ 2240nm 为 Al—OH 吸收峰，峰形较深窄、尖锐，与绢云母化有关，如图 4-21 (d) 所示。

蚀变岩型矿石（BSY-238A）的光谱吸收主要有三处吸收峰：600 ~ 800nm 为 Fe^{3+} 吸收峰，峰形比较平缓，反映出褐铁矿化蚀变；2150 ~ 2240nm 为 Al—OH 吸收峰，峰形较窄、尖锐，与绢云母化有关；2300 ~ 2370nm 为 Mg—OH 吸收峰，峰形左高右矮，与绿泥石化相吻合，如图 4-21(b) 所示。

石英脉型矿石（BSY-238B）的光谱吸收主要有 5 处吸收峰：600 ~ 800nm、800 ~ 1200nm 为铁离子吸收峰，峰形比较平缓，反映出褐铁矿化蚀变；2130 ~

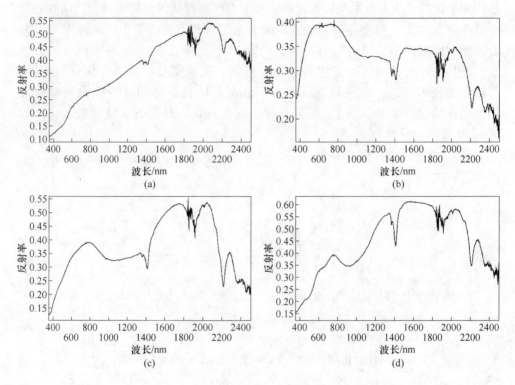

图 4-21　明金沟金矿蚀变光谱曲线
（a）BSY-237；（b）BSY-238A；（c）BSY-238B；（d）BSY-239

2260nm 为 Al—OH 吸收峰，峰形较窄、较深，可能与绢云母化有关；2330 ~ 2370nm 为 Mg—OH 吸收峰，峰形左高右矮，比 Al—OH 吸收峰浅，两个—OH 吸收峰可能是绿泥绿帘石和绢云母化吸收峰叠加的结果。

　　明金沟矿区高光谱遥感异常显示，其发育有富铝绢云母、中铝绢云母、褐铁矿、绿帘石、白云石、少量芒硝等矿物异常，如图 4-22 所示。

　　遥感蚀变异常分布呈两种类型：

　　（1）与明金沟金矿北部二长花岗岩受后期辉绿玢岩侵入活动引起广泛的褐铁矿、中 - 富铝绢云母异常。区内金矿床包裹体测温显示，其形成具有中高温、低压环境。成因矿物学研究认为，温度升高压力降低有利于 Al 在四次配位以类质同象替代其他阳离子进入矿物中[61]。对于绢云母光谱吸收特征的变异，绢云母（白云母）光谱的 Al—OH 吸收特征峰波长位置向长波方向漂移说明云母中 Al^{VI} 含量的减少，反映相对低压高温的形成环境[54]，与其矿体外围岩体处形成的面状中铝绢云母、富铝绢云母异常及广泛发育的辉长辉绿岩脉相一致。因此，此类异常可作为金矿化蚀变围岩的间接标志。

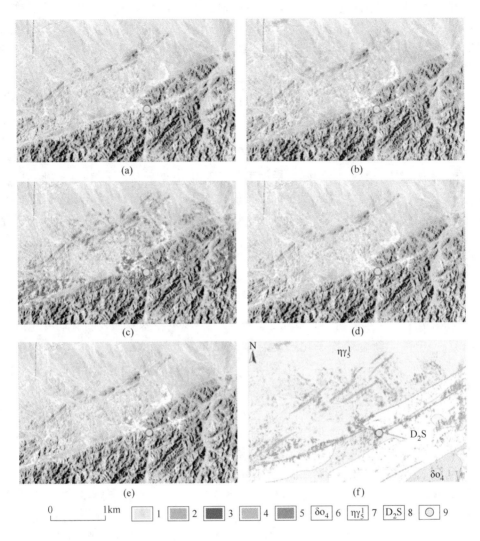

图 4-22 明金沟金矿矿物分布图

1—中铝绢云母化；2—褐铁矿化；3—富铝绢云母化；4—绿帘石化；5—白云石化；
6—石英闪长岩；7—二长花岗岩；8—三个井组；9—金矿床

（2）研究表明，金滩子 -- 明金沟成矿作用经历了岩浆去气和流体对流、岩石挤压破碎、流体弥漫性渗透淋滤等几个阶段[62]，其矿化体受破碎带控制多表现出负地形的特征。与其对应的是：受北东向断裂及其次级断裂控制的线型异常发育，蚀变矿物异常类型丰富，包括中 - 富铝绢云母化、绿帘石化、褐铁矿化、黄钾铁矾化等蚀变异常。此类异常往往与矿化关系密切，尤其在断裂交汇处异常强度明显增高，且其异常分布范围也较仅受单一断层控制的线型异常范围较大，例如明金沟矿区。因此，受断裂破碎带控制的线型蚀变矿物异常组合（褐铁矿化＋黄钾铁矾化＋绿帘石化）发育地段为金矿化良好的遥感异常指示标志，特别是在断裂蚀变破碎带中的硅化石英脉、黄铁矿化、糜棱岩化分布地段，是较好的实地找矿标志。另外，受测区干旱环境风化淋滤的影响，沿破碎带、裂隙发育的地段，可能伴生有表生氧化作用引起的石膏、芒硝、方解石等矿物异常，该类型矿物的线性展布间接地指示断裂发育中矿化体的信息。

　　结合已知地质条件和蚀变矿物分布图，对明金沟金矿和明水河金矿进行分析认为：金矿体主要沿近东西向断裂产出，位于石英闪长岩与花岗岩之间的碎裂蚀变花岗岩中，其蚀变类型包括面型异常，中铝绢云母、富铝绢云母、褐铁矿化等，线性异常包括沿断裂发育，与矿化相关的绿帘石化、褐铁矿化、黄钾铁矾化蚀变信息；另外，受本工作区干燥区风化淋滤的影响，沿破碎带、裂隙发育的地段呈星点状零星分布有石膏、芒硝、方解石等遥感异常，其为表生作用引起的矿物，该类型矿物的线性展布间接地指示沿断裂、裂隙发育矿体的信息。

　　本区金矿床的包裹体测温显示，明金沟一带金矿化石英脉形成于高温阶段，硫化物形成于中－高温阶段。同时，前人对老金场包裹体测试表明其均一化温度为 141～400℃，新金场均一化温度为 210～346℃，显示其成矿也具有中－高温环境，分析研究表明其成矿经历了岩浆去气和流体对流、岩石挤压破碎、流体弥漫性渗透淋滤等几个阶段[62]，以上分析表明本区金矿床形成具有中高温低压环境。成因矿物学研究认为，温度升高压力降低有利于 Al 以类质同象替代其他阳离子进入矿物中，从而有利于形成（中）富铝绢云母。因而在矿区周围形成带状中铝绢云母、富铝绢云母异常，可作为矿化蚀变的间接标志。同时，明金沟－明水河一带金矿床与此有相似的绢云母化蚀变分布特征。

　　通过以上典型金矿的光谱曲线特征及蚀变矿物分带模型，结合已知成矿地质条件分析，认为本区破碎蚀变岩型金矿床遥感找矿模型为：矿体外围发育中（高）铝绢云母化，尤其在岩体与其他地层接触部位可能发育其他蚀变类型；向内发育绿泥石化、绿帘石化；中心矿化部位发育褐铁矿化、黄钾铁矾化蚀变组合，且受断裂控制呈线性蚀变异常组合展布，如图 4-23 所示。地质体以华力西期碎裂花岗岩最为有利，岩体受后期构造运动影响后期脉体发育（包括石英脉、后期岩脉），岩体内有剪切破碎带，接触带是成矿有利部位，多伴有 Au、Ag、Pb、As、Cu、Pb（Zn）化探异常。破碎蚀变岩型金矿找矿模型见表 4-3。

　　本研究建立的找矿模型，结合了典型矿床的蚀变矿物分带光谱特征，提出"标志性蚀变矿物组合"这一概念。结合矿床学及矿物学范畴，将高光谱标志性蚀变矿物组合定义为：在一定地质条件下形成，能够指示某种特定矿床蚀变分带的，且可为高光谱信息反映出来的蚀变矿物组合。例如典型的斑岩型铜矿，其蚀变分带为钾化带→石英－绢云母化带→泥化带→青磐岩化带[63]，那么斑岩型铜矿标志性蚀变矿物组合即为黑云母＋绿泥石＋硬石膏→绢云母＋褐铁矿→绿泥石＋高岭石→绿帘（泥）石＋方解石＋高岭土。而北山方山口工作区金矿的标志性蚀变矿物组合为黄钾铁矾化、褐铁矿化、绿帘石化，蚀变异常组合呈线性异常分布，线性构造发育。

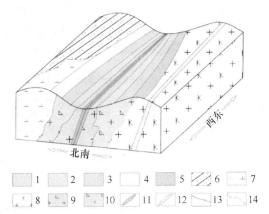

图 4-23 甘肃北山地区金矿床高光谱遥感蚀变异常模式图

1—褐铁矿化；2—绿帘石化；3—绿泥石化；4—中铝绢云母化；5—富铝绢云母化；
6—（火山）碎屑岩沉积；7—石英闪长岩；8—钾长花岗岩；9—褐铁矿化蚀变碎裂花岗岩；
10—绿帘石化蚀变花岗岩；11—矿化石英脉；12—石英脉；13—断层；14—地质界线

表 4-3 破碎蚀变岩型金矿找矿模型

矿床特征	成矿类型	石英脉型、破碎蚀变岩型
	赋矿岩石	石英脉、糜棱岩化带
	矿化蚀变	硅化、黄钾铁矾化、黄铁矿化、褐铁矿化、糜棱岩化
	围岩蚀变	绿帘石化、绿泥石化、绢云母化、高岭土化、碳酸盐化
	矿体形态	脉状延伸
	矿石类型	次生网脉状、蜂窝状、星点－浸染状构造
构造背景	控矿构造	与区域断裂相关的次级断裂，以北东向、东西向为主，后期构造活动强
	成矿部位	破碎蚀变带、糜棱岩分布区域
含矿岩体		印支－华力西期碎裂花岗岩，岩体受后期构造运动影响后期脉体发育（包括石英脉、后期岩脉），岩体内有剪切破碎带，接触带是成矿有利部位
影像特征		地表蚀变带呈黄褐色，负地形，两侧岩体发育呈绿帘石化、绿泥石化蚀变带
化探异常		伴有 Au、Ag、Pb、As、Cu、Pb（Zn）化探异常
标性蚀变		黄钾铁矾化、褐铁矿化、绿帘石化，蚀变异常组合呈线性异常分布，线性构造发育
蚀变组合		中铝绢云母化、富铝绢云母化、绿泥石化、白云岩化、碳酸盐化

4.1.2.4 白山头铁矿

白山头铁矿区位于工作区中部，地理坐标：东经94°39′34″，北纬41°00′23″。出露地层为晚石炭统红柳园组的一套灰色、黄灰色变砂岩、硅质岩夹灰绿色英安岩及安山岩，局部夹有大理岩透镜体，矿区西南部分布有全新统洪积物，侵入岩主要分布于矿区西部，岩性为灰绿色中－细粒闪长岩及灰色细粒石英闪长岩。断裂不发育，以北西向为主，其次为后期北东向断裂图，如图4-24所示。

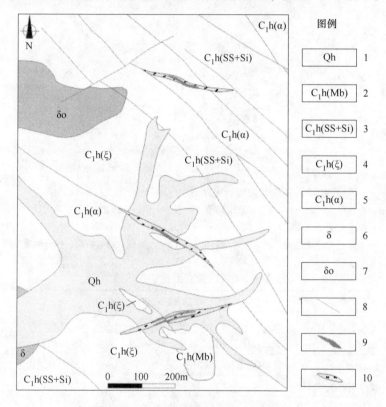

图4-24　白山头铁矿矿区地质简图

1—全新统洪积物；2—大理岩；3—变砂岩夹硅质岩；4—英安岩；5—安山岩；6—闪长岩；
7—石英闪长岩；8—断层；9—矿体；10—断层破碎带

白山头铁矿体主要赋存于安山岩及英安岩的断层破碎带中，受破碎带控制多呈北西向产出，倾向南。矿区内共发育有三层磁铁矿体，主矿体赋存在安山岩与大理岩接触带上，破碎带两侧发育矽卡岩化，在断裂交汇部位矿体富集明显。

金属矿物主要为磁铁矿、赤铁矿，少量黄铁矿、黄铜矿、闪锌矿，地表氧化见褐铁矿化。脉石矿物有石英、透辉石、绿帘石、绿泥石、方解石等，围岩蚀变表现有绿帘石化、绿泥石化、黄铁矿化、碳酸盐化、硅化及高岭土化。对明舒井矿区内不同岩性地层及蚀变样品进行光谱测量，选取四个典型光谱曲线进行分析，如图4-25所示。

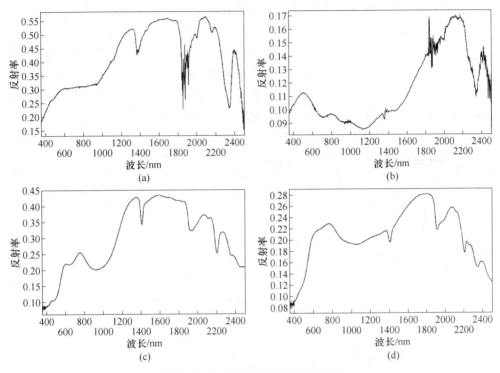

图 4-25　白山头铁矿样品光谱曲线
（a）大理岩；（b）硅质岩；（c）闪长岩；（d）蚀变岩

图 4-25（a）中大理岩光谱曲线主要有 5 处吸收峰：$800 \sim 1000nm$ 的 Fe^{2+} 吸收峰，峰形非常平缓，反映出褐铁矿化蚀变；$1380 \sim 1430nm$ 和 $1907nm$ 附近为水汽吸收峰；$2130 \sim 2170nm$ 可能为层间水的吸收峰，峰形小，深度浅；$2340nm$ 附近有一处吸收峰，峰形左缓右陡，为碳酸盐特征峰。

图 4-25（b）中硅质岩的吸收峰有以下 5 处：$600 \sim 800nm$ 和 $800 \sim 1000nm$ 分别为 Fe^{3+} 和 Fe^{2+} 吸收峰，峰形比较平缓，反映出褐铁矿化蚀变；$1380 \sim 1430nm$ 和 $1907nm$ 附近为水汽吸收峰；$2340nm$ 附近有一处吸收峰，峰形左缓右陡，为碳酸盐化特征吸收峰。

图 4-25（c）中闪长岩和图 4-25（d）中蚀变岩光谱特征相似，光谱曲线有 5 处吸收峰：$600 \sim 800nm$ 和 $800 \sim 1000nm$ 为铁离子吸收峰，峰形比较平缓，反映出褐铁矿化蚀变；$1400nm$ 和 $1907nm$ 附近为水汽吸收峰；$2130 \sim 2170nm$ 可能为层间水的吸收峰，峰形小且深度浅；$2150 \sim 2230nm$ 附近为 Al—OH 吸收峰，峰形较窄较深，指示绢云母化及高岭土化蚀变；$2300 \sim 2360nm$ 附近为 Mg—OH 吸收峰，峰形较浅，反映了绿泥石化及绿帘石化蚀变。

光谱测量表明，矿区不同围岩蚀变类型样品其光谱曲线特征峰明显，与实际地质背景相吻合。通过地面光谱测量得出与矿体关系密切的蚀变类型为褐铁矿化、绢云母化、绿泥石化、绿帘石化、碳酸盐化，因此寻找以上标志性蚀变矿物组合是遥感找矿信息提取的关键。

根据白山头铁矿蚀变矿物分布图 4-26，图中主要蚀变类型为褐铁矿化、碳酸盐化、富铝和中铝绢云母化、绿帘石化、绿泥石化，少量高岭土化及石膏等。碳酸盐化呈团块状分布于图的中南部，面积较大；富铝和中铝绢云母主要沿构造线方向呈条带状分布；绿泥石化和绿帘石化主要分布在图的中部及北部，呈块状及条带状分布；褐铁矿化主要出现在图的中部，沿北－北西向条带状展布；高岭土化和石膏等均为块状分布，面积不大。在矿区北部褐铁矿化、中铝绢云母化区域，是下一步的有利找矿地段。

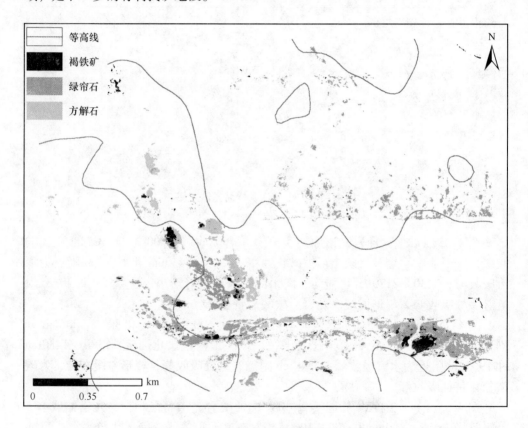

图 4-26　白山头铁矿高光谱蚀变矿物分布图

4.1.2.5　白峡尼山东白钨矿点

白钨矿点位于白峡尼山东部，地理坐标：东经 94°54′08″，北纬 41°08′54″，其位于墩墩山组的中－基性火山岩中，南部见石英闪长岩侵入，呈侵入接触关系，北部见花岗斑岩、正长花岗岩侵入呈断层接触关系。北西向断层穿过矿区，沿断层有后期二长花岗岩脉侵入。区内多期次的岩浆侵入为成矿提供了热源，北西向断裂构造为矿体赋存提供了空间。矿区不同地质体在遥感影像上具有各异的影像特征，南部石英闪长岩呈灰黑色，山体呈浑圆状；中部墩墩山组火山岩呈灰黑色－浅紫灰色，影纹呈密集状；北部花岗岩呈浅紫红色，岩体剥蚀程度高。矿区中部受断层作用影响，线性、束状装纹理发育，其中火山岩中片理化、糜棱岩化发育，如图4-27所示。

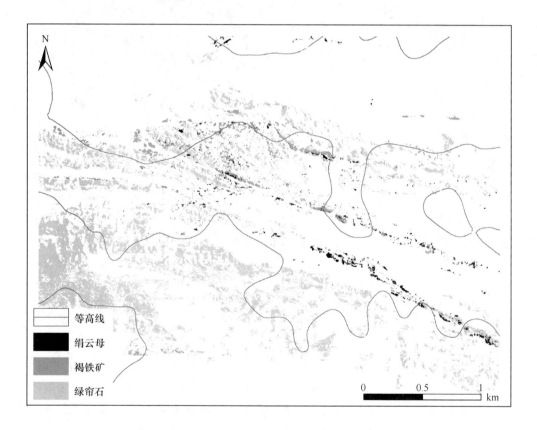

图4-27 白峡尼山东钨矿蚀变矿物分布图

白峡尼山东钨矿区蚀变矿物异常发育，尤其在断层破碎带、矿化带及其附近更为显著。矿化蚀变主要有白钨矿化、黄铁矿化，地表见孔雀石化、褐铁矿化。钨矿体多位于绿泥石化英安岩、安山岩中的石英脉或与云英岩化、碳酸盐化的地层接触部位（见图4-28），主要蚀变组合为硅化＋绿泥石化＋绿帘石化＋云英岩化＋碳酸盐化。蚀变矿物异常与地表构造线方向一致，沿断裂发育部位褐铁矿化、中铝绢云母化明显增强。结合地表查证结果及样品光谱分析认为,绿帘石化 + 褐铁矿化 + 绢云母化蚀变矿物异常组合与钨矿化关系密切,通过对蚀变矿物组合的光谱曲线特征峰的判别为下一步找矿工作提供方向。

图 4-28   白峡尼山白钨矿蚀变组合图

光谱测量显示,区内英安岩、变英安岩、安山岩、破碎带表现出不同的蚀变特征(见图 4-29),其中英安岩表现两种不同的光谱特征,一类为风化蚀变弱的,表现为低的光谱反射率,仅在 2210nm 处有 Al—OH 吸收峰,弱的 2340nm 处—OH 吸收峰;另一类的光谱曲线有四处吸收峰,其中在 2210nm 处有 Al—OH 吸收峰,2340nm 处有—OH 吸收峰,还有 Fe^{2+}、Fe^{3+} 吸收峰,表现出较强的褐铁矿化。变英安岩、安山岩表现出较为相近的反射率特征,具有明显的绿泥石化、弱绢云母化特征。

矿体赋存在墩墩山组火山岩中,区内主要为英安岩,其呈浅灰黑色色调。样品 BZ-071 采于矿区北侧,地理坐标北纬 41°09′09.4″,东经 94°54′32.5″,镜下鉴定显示岩石为杏仁状构造,玻晶交织结构,主要组成矿物为长英质、玻璃质等。原岩发育气孔构造,气孔形态呈圆形、椭圆形等,少数呈不规则状,气孔多被石英及绿泥石充填,形成杏仁状构造。其中,部分气孔被石英充填;部分气孔被方解石充填;部分气孔被石英与绿泥石充填,形成圈层结构,即内圈为绿泥石,外圈为石英,如图 4-30(a)所示。气孔大小在 0.05mm × 0.05mm ~ 0.15mm × 0.27mm 之间,气孔含量占岩石的 20% 以上。另外,岩石中细小的板条状斜长石交织排列,镶嵌在玻璃质中,构成岩石的玻晶交织结构。其中,玻璃质多蚀变成绿泥石,如图 4-30(b)所示。岩石蚀变以绿泥石化为主,还发生轻微的碳酸盐化,碳酸盐以团块状(见图 4-30(c))及条带状分布。该区英安岩中异常以绿帘石 + 中铝绢云母 + 褐铁矿为主,考虑该区位于断裂发育处,糜棱岩化、黄铁绢英

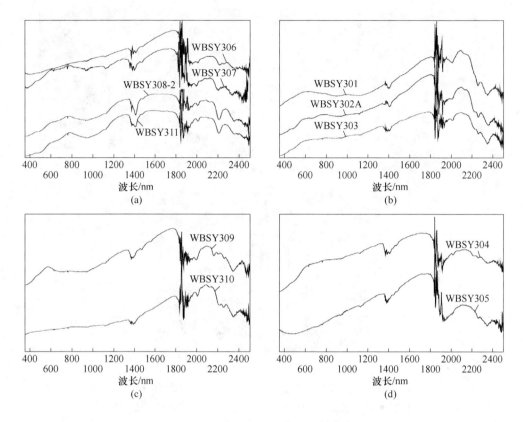

图 4-29 白峡尼山矿物的光谱曲线

（a）英安岩；（b）变英安岩；（c）安山岩；（d）破碎带

岩化蚀变发育，因此后两者的蚀变与区内较吻合。区内英安岩中普遍发育的绿泥石化在矿区不发育，而绿帘石则表现较强。

白峡尼山北部带状异常分布区域异常验证显示，该带具有与周围深灰－灰黑色色调的墩墩山群英安岩不同的色调影像特征，其呈灰白色－浅蓝灰色，透镜状断续延伸。对地理坐标北纬 41°09′09.4″，东经 94°54′32.5″样品（BZ-072）薄片鉴定显示，其岩性为碳酸盐化绿泥绢云千糜岩，塑性流动构造（见图 4-31（a）），透镜状构造，显微鳞片粒状变晶结构；主要由变晶矿物绢云母、绿泥石组成，还有少量残斑矿物，碎斑含量为 15% 左右。岩石原岩为超糜棱岩，其组成矿物变晶成细长的绢云母及绿泥石。岩石中参与的矿物成分以长石、石英为主，大部分长石被绢云母、方解石交代。岩石有碳酸盐化（见图 4-31（b）），方解石多交代长石碎斑。结合该处分布的带状中－高铝绢云母＋褐铁矿化＋绿泥石＋白云石＋绿帘石组合，认为该异常组合带提取成果与此处地质蚀变情况相对较吻合。

图 4-30　杏仁状英安岩（BZ-071）镜下鉴定照片

（a）石英和绿泥石圈层结构；（b）蚀变绿泥石；（c）团块状碳酸盐化

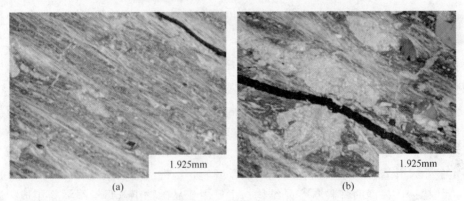

图 4-31　千糜岩（样品 BZ-072）镜下鉴定照片

（a）塑性流动构造；（b）方解石交代长石

4.1.3　近红外光谱综合找矿标志

北山地区大规模的金成矿作用主要与华力西期塔里木、哈萨克斯坦两大板块之间的碰撞对接及其后陆内活化诱发的大规模岩浆侵入 – 喷发活动有关[64,65]。工作区所处的金成矿带从石炭纪中－晚期至石炭纪末，以及从早二叠世至二叠纪末经历两次从深源岩浆活动或者岩石圈伸展开始，到挤压碰撞、断裂构造和逆冲推覆构造形成的演化过程[66]，表现为多期次活动特点。其金矿化主要形成于晚石炭世－早二叠世，印支期岩浆活动对早期形成的金矿床产生叠加改造作用，其成矿类型以构造蚀变岩型、与中酸性侵入体相关的热液石英脉型金矿为主[62]，明显受近东西向和北东向断裂构造控制。区内产出有高庙、明金沟、金滩子、金滩子南等金矿床，普遍发育有硅化、褐铁矿化、绿帘（泥）石化、绢云母化、碳酸盐化、高岭土化等围岩蚀变。铁矿化以白山头铁矿为代表，主要位于红柳园组火山岩中。钨矿化主要位于区内北东部，以白峡尼山东侧为代表，主要赋存在墩墩山组火山岩中。

在蚀变矿物近红外光谱分析的基础上可以看出，区内主要发育有褐铁矿化、富铝绢云母化、中铝绢云母化、绿帘石化、黄钾铁矾化、碳酸盐化，少量绿泥石化、贫铝绢云母化等高光谱蚀变异常。面型蚀变以富铝绢云母化、中铝绢云母化及碳酸盐化为主；线型或带状异常主要以褐铁矿化、绿帘石－绿泥石化表现明显，明显受断层、脉岩及接触带控制。

蚀变矿物整体分布不均，呈现为沿岩体接触带、断裂，以及后期脉岩富集发育。其异常分布形态有三种：（1）与特定地质体或与第四系沉积物引起的面型异常，如沿明金沟金矿北部的褐铁矿化蚀变和绢云母化蚀变系二长花岗岩受后期辉绿玢岩脉侵入的热液活动及引起，沿沟谷冲积扇部位也可见该类异常，其形态与第四纪沉积物分布一致，影像上给以区分；（2）沿断裂或后期脉岩发育的线性异常，此类与区域构造线方向一致，异常强烈、类型丰富，尤其中－富铝绢云母、褐铁矿化蚀变发育好，区内矿床多位于此类异常中；（3）受人为活动影响，蚀变分布呈零星规则状的孤立点状异常，其中矿床引起的异常与采矿活动范围吻合，如金滩子金矿，矿石堆集引起的异常多呈规则状，如近圆形、矩形状。

对矿区的破碎蚀变带的矿物成分，经过 X 射线衍射对其破碎拣块样的矿物分析可以看出（见表4-4），明水河金矿中褐铁矿化蚀变样品（BS010-5）的矿物成分主要继承于其原岩成分，矿化发育的地段，蚀变矿物明显较未矿化地段的含量较高，矿区破碎带明显富集方解石、绿泥石、赤铁矿等矿物。褐铁矿化蚀变花岗岩样品（BSY-113）的矿物成分主要为花岗岩成分，以石英、斜长石、伊利石为主，伴有少量钾长石。白峡尼山褐铁矿化石英脉样品（BSY-189）中，受石英脉及其围岩安山岩的矿物组成控制明显，主要为石英、斜长石、钾长石，少量的方解石、伊利石等，为后期碳酸盐化的结果。糜棱岩化破碎带样品（BSY-190）中主要矿物组成为石英、斜长石、伊利石，伴有少量方解石、石膏、蒙脱石。金滩子金矿黄钾铁矾蚀变带样品（BSY-221）地表可见发育黄铁矿化、孔雀石化、黄钾铁矾化，经 X 射线衍射分析其矿物成分主要为石英、石膏、伊利石，伴有少量斜长石、方解石、绿泥石，表明 BSY-227 采样点位于闪长岩中的蚀变破碎带上，褐铁矿化、碳酸盐化发育，其矿物成分主要为石英、方解石、伊利石，伴有少量绿泥石、蒙脱石、石膏、赤铁矿。

表 4-4　北山地区蚀变破碎带 X 射线衍射矿物成分（质量分数）　　　（%）

样品编号	BS010-5	BSY-113	BSY-189	BSY-190	BSY-221	BSY-227
采样位置	明水河金矿	工作区北西	白峡尼山	白峡尼山	金滩子金矿	金滩子金矿
样品名称	褐铁矿化蚀变样	褐铁矿化蚀变花岗岩样	褐铁矿化石英脉样	糜棱岩化破碎带样	黄钾铁矾化蚀变带样	褐铁矿化土样
矿物成分 石英	38.5	74.2	56.2	57.9	43.3	30.7
斜长石	19.5	11.2	19.7	15.2	5.0	3.3
钾长石	15.5	1.0	15.0	—	0.3	0.4
方解石	2.8	—	5.7	1.9	4.2	28.8
铁白云石	0.4	—	0.4	—	—	—
赤铁矿	1.3	—	—	—	—	1.4
石膏	—	0.6	—	5.0	35.2	2.4
蒙脱石	2.0	—	—	3.0	—	6.0
伊利石	15.0	13.0	2.0	17.0	11.0	22.0
绿泥石	5.0	—	—	—	1.0	5.0
高岭石	—	—	1.0	—	—	

注：数据由西安地质矿产研究所实验测试中心提供。

综上分析认为，不同类型的蚀变矿物往往有很重要的地质指示作用，尤其是不同类型的蚀变矿物组合分带是很好的指示矿化蚀变标志，对它们的识别和探测有着重大的地质意义。白峡尼山钨矿区内蚀变发育，尤其在断层破碎带、矿化带及其附近更为显著，有利的蚀变组合为硅化＋绿泥石化＋绿帘石化＋云英岩化＋碳酸盐化；老金场矿区主要为石英脉型金矿，其有利的蚀变组合标志为硅化＋褐铁矿化＋黄钾铁矾化；小金窝子－石庙一带见产于石英闪长岩接触带上的破碎蚀变岩型金矿，产状近北东东向，有利的蚀变组合标志为褐铁矿化＋绿帘石化＋绿泥石化＋碳酸盐化＋黄钾铁矾化＋硅化，注重与断裂构造相吻合区域的遥感异常及矿体延伸方向受断层错断的区域；金滩子一带发育含金石英脉型热液金矿床，产出于石英闪长岩中，产状近东西向，有利的蚀变组合为绿帘石化＋绿泥石化＋褐铁矿化＋黄钾铁矾化＋硅化；明金沟一带产于碎裂蚀变花岗岩中的破碎蚀变岩型，有利的蚀变组合为碳酸盐化＋绿帘石化＋绿泥石化＋褐铁矿化＋黄钾铁矾化＋硅化，以东西向－北东东向蚀变组合带验证为佳。

综上所述，结合典型矿床地质条件及蚀变矿物组合，总结建立本区基于近红外光谱分析技术的找矿标志。按照不同的矿床类型，分别从其大地构造位置、矿体特征、含矿地质体、影像特征、蚀变矿物分布特征（突出标志性蚀变矿物异常组合）、物化探特征等方面进行描述，见表 4-5。

表 4-5 甘肃省北山方山口地区矿床找矿标志

项　目		金　矿　床			火山沉积改造型铁矿床
		破碎蚀变岩型	石英脉型金矿	火山沉积＋岩浆热液型钨矿床	
大地构造			塔里木板块的敦煌地块		
矿床特征	控矿构造	与区域断裂相关的次级断裂，以近东西向为主	与区域断裂相关的次级断裂，以近东西向为主，多见于主次断裂之间的锐角区	北东向压扭向断裂为导矿构造，次级北西向张扭性断裂为容矿构造	北西向压扭性断裂中
	矿化蚀变	硅化、黄钾铁矾化、黄铁矿化、褐铁矿化、糜棱岩化	硅化、黄铁矿化、褐铁矿化	云英岩化、硅化	硅化、黄铁矿化、褐铁矿化、绿帘石化、绿泥石化
	围岩蚀变	绿帘石化、绿泥石母化、高岭土化、碳酸盐化	绢云母化、绿泥石化、碳酸盐化、石膏化	绿泥石化、绿帘石化、碳酸盐化、绢云母化	大理岩化、弱矽卡岩化
	矿体形态	透镜状、脉状	扁豆状、透镜状、脉状	似层状、透镜状、脉状	透镜状、不规则状
	矿石类型	次生网脉状、蜂窝状、星点－浸染状构造	次生网脉状、蜂窝状、星点－浸染状构造	自形－半自形粒状、星点状（细脉）浸染状	块状、斑杂状、条带状构造
	赋矿岩石	破碎蚀变带、糜棱岩分布区域	破碎蚀变带、糜棱岩分布区域	英安岩、石英安山岩	矽卡岩

续表 4-5

项目		金矿床		火山沉积+岩浆热液型钨矿床	火山沉积改造型铁矿床
		破碎蚀变岩型金矿	石英脉型金矿		
含矿地质体	地层		二叠系中－基性火山岩、碎屑岩中	泥盆系墩墩山组火山岩	大理岩
	岩浆岩	华力西期碎裂花岗岩，受后期构造运动影响发育的剪切破碎带及接触带部位	辉绿岩、辉长岩	华力西中期二长花岗岩体	华力西晚期钾长花岗岩
影像特征		地表蚀变带呈黄褐色、负地形，两侧岩体发育呈绿帘石化、绿泥石化蚀变带	地表蚀变带呈黄褐色、负地形，两侧岩体发育呈绿帘石化蚀变带	呈条带状黄灰色	呈灰褐色、影纹较为平滑，见有灰白色团块状大理岩
蚀变标志	标志性蚀变矿物	黄钾铁矾化、褐铁矿化、绿石花岗岩蚀变组合发育，呈线性蚀变，在中－高铝绢云母等不同异常交界异常性线性构造发育部位	褐铁矿化、黄钾铁矾化蚀变组合展布，呈线性蚀变异常发育，在中－高铝绢云母等不同异常性构造发育部位	褐铁矿化、孔雀石化蚀变发育	褐铁矿化、碳酸盐绿泥石化重合部位
	蚀变矿物	发育面型绿泥石、绢云母、碳酸盐	发育面型低铝绢云母、碳酸盐	绿泥石、绢云母、绿帘石	绢云母、绿帘石、绿泥石、高岭土
物化探异常		伴有 Au、Ag、Pb、As、Cu、Pb（Zn）化探异常	伴有 Au、Ag、As、Mo 化探异常	白钨矿、锡石、泡铋矿重砂异常、Cu、Zn、Ba 化探异常	航磁异常
典型矿床		明金沟金矿床	新金场、老金场金矿床	白峡尼山南钨矿床	白山头铁矿床

4.2　东昆仑纳赤台工作区

东昆仑纳赤台工作区在成矿区带划分上大部分区域归属于东昆仑南铜、钴、金、钨、玉石成矿亚带，仅在工作区北部小部分地区属东昆中铜、镍、金、钨、锡、玉石成矿亚带。东昆仑南铜、钴、金、钨、玉石成矿亚带：位于昆中断裂以南、昆南断裂以北的狭长区域，与区域上的昆南增生杂岩带一致，带内沉积建造类型多样、岩浆活动频繁。不同方向、层次的断裂构造发育，具有增生杂岩带特征，成矿地质条件十分有利，是东昆仑地区找矿潜力良好的地区之一。

近年来，东昆仑南铜、钴、金、钨、玉石成矿亚带地质找矿取得一定进展。青海省柴达木综合地质大队在进行金矿普查时发现了驼路沟钴金矿床[67]；青海省地质调查院 1∶50000 万宝沟等三幅区域地质调查，发现了万宝沟西支沟铜矿点、万宝沟金铜矿点、温泉沟沟脑金铜矿点、没草沟东支沟金铜矿化点[68]，在沙松乌拉组中发现了石英脉型钨矿[69]；中国地质调查局西安地质调查中心在万宝沟群中发现了火山岩型磁铁矿[70]。尤其同生喷流热水沉积型钴金矿、热液型金矿、火山岩型铁矿和石英脉型钨矿等的发现，改变了这一地区地质找矿的思路和方向。东昆中铜、镍、金、钨锡、玉石成矿亚带：带内沉积建造类型相对单一，但岩浆活动频繁，断裂构造也十分发育。近年来，该成矿亚带地质找矿进展明显，青海省地质调查院在沙松乌拉山地区四幅 1∶50000 区调工作中新发现了拖拉海东沟沟脑铜矿点、拖拉海 - 大灶火玉石矿点等[71]。

本节对青海东昆仑纳赤台工作区内的万宝沟金铜矿、纳赤台金矿、小南川磁铁矿、忠阳山铁铜矿等多个不同成因的矿床进行野外地质调研，系统采集了矿区内不同蚀变岩、矿石的近红外光谱曲线，并结合岩矿鉴定、X 射线衍射分析研究其矿物组成及蚀变分带特征。通过对以上不同成因、不同矿种矿床的蚀变分带与蚀变矿物分布特征的综合分析，为工作区下一步的查证工作提供了重要的指导意义。结合蚀变矿物分布结果，对其矿区蚀变矿物分布特征进行总结，建立了基于本区不同矿床类型的近红外高光谱蚀变分带模式。

4.2.1　典型地质调查路线蚀变矿物异常分布特征

东昆仑小南川 - 西大滩地质剖面位于工作区西南部，国道 109 从此通过，剖面长约 15km，走向 25°。剖面中地层出露有万宝沟群大理岩、粉砂质板岩、绿片岩等，赛什腾组变凝灰岩、云母片岩、变砂岩，侵入岩有二长花岗岩。异常提取显示，剖面线一带分布有菱铁矿、方解石、白云石、绿泥石、绿帘石、低 - 中 - 高铝绢云母化等异常。异常分布不规则，除了该区坡积物覆盖的原因外，仍有一定的规律可循。剖面内南部区域绿帘石 + 绿泥石异常组合以条带状、斑块状为主，主要与区内影像呈北西西向条带状延伸韧性剪切带相吻合，在此类异常组合分布区域往往又可见有绢云母化，局部发育菱铁矿化。结合该区地质条件，认为主要与赛什腾组中的剪切带普遍发育黄铁矿化、绢英岩化有关。在剖面北部见有呈面状的绿泥石＋绿帘石＋绢云母化异常，结合地质情况来看，该区位于小南川铁矿西部，地层出露较好，主要位于大理岩与绿片岩的接触部位，且见有后期辉绿玢岩脉侵入，从而形成该处的面型异常，如图 4-32 所示。

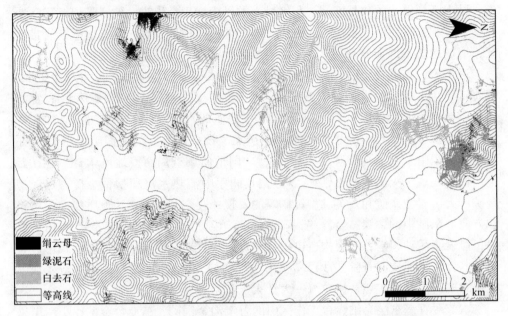

图 4-32   东昆仑小南川 – 西大滩一带光谱测量路线蚀变矿物分布

由此可见，除了本区破积物覆盖的因素，区内影像呈束状、条带状延伸的部位，其异常呈现为带状蚀变组合发育较好的区段，可以较明显地反映出韧性剪切带的构造行迹。

4.2.2   典型矿床近红外光谱特征

4.2.2.1   忠阳山铁铜矿

A   矿区地质

矿床位于研究区南部，1 : 50000 标准分幅地质图忠阳山幅内，昆仑山主脊以北东大滩北侧，构造位置属于东昆南古生代增生楔杂岩带，成矿区带划分属东昆仑南铜、钴、金、钨、玉石成矿亚带。地理坐标：北纬 35°45′18″，东经 94°34′22″，进矿区有简易公路可供通行。

矿区出露地层有古元古代苦海岩群（Pt_1K），中 – 新元古代万宝沟群（Ptw），哈拉巴依沟组（OSh），新近系沉积物（Q），如图 4-33 所示。

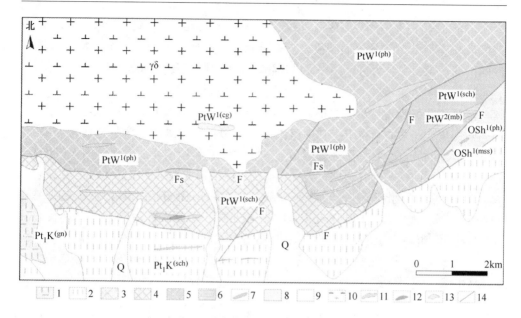

图 4-33　东大滩忠阳山铁铜矿地质矿产略图

1—苦海岩群二云斜长片麻岩；2—苦海岩群绢云母石英片岩；3—万宝沟群变砂岩；
4—万宝沟群绢云石英片岩；5—万宝沟群千枚岩；6—万宝沟群大理岩；7—纳赤台群变砂岩；
8—纳赤台群千枚岩；9—新近系；10—花岗闪长岩；11—构造破碎带；
12—铁矿体；13—铜矿化体；14—断层

（1）苦海岩群（Pt_1K）：分布于矿区南部，主要为一套灰色、灰黑色条带状眼球状二云斜长片麻岩、灰黑色绢云母白云石英片岩，局部夹灰白色含白云母白云石、灰色黑云方解石英千枚岩。

（2）万宝沟群（Ptw）：在矿区内呈北东—南西向展布，自下而上分为两个岩性组，碎屑岩夹火山岩岩组（Ptw^1）和碳酸盐岩岩组（Ptw^2）。Ptw^1 岩组岩性组合为青灰色钙质千枚岩、深灰色绢云母石英片岩、灰绿色方解绢云石英千枚岩、灰绿色绢云母千枚岩、灰绿色绢云石英片岩、灰色条带状钙质片岩，中部夹变形砾岩，出露于矿区北部。Ptw^2 岩组岩性组合为灰白色含石英白云石大理岩、浅灰色中厚层状细晶大理岩、灰白色片理化微晶白云岩夹少量灰白色微晶－粉晶白云岩和灰色条带状结晶灰岩，是矿区主要赋矿层位。通过对地表矿化现象追索，发现铜矿化产出与碳酸盐岩组关系密切，在含石英大理岩的节理裂隙面处充填有辉铜矿、黝铜矿细脉，最宽 2cm，且在矿区东部局部地段呈密集分布，矿石品位在 0.73% ~2.54% 之间。近地表氧化矿体分布在含石英大理岩中，矿化类型主要为孔雀石化，可见少量黄铜矿化。该套地层属中浅变质岩系，原岩成分为粉砂质、黏土质及钙质等细碎屑沉积物夹碳酸盐岩。铜铁矿化较常见于片岩与大理岩接触部位和大理岩中。

（3）哈拉巴依沟组（OSh）：仅在区内东北部少有出露，为钙质千枚岩段（OSh¹），岩性为片理化钙质千枚岩、石英片岩、变砂岩。新近系沉积物出露于矿区的南部边缘，主要为河床冲积、洪积物，靠近山脚以及半山坡有第四纪黄土。

B 矿区构造

断裂构造极为发育，按走向划分主要有近东西向（昆南活动断裂）断裂、北西向断裂组和北东向断裂组，其中昆南活动断裂—东大滩活动性断裂具有规模大、多期次活动的特点，对工作区影响最大。除主体断裂构造外，工作区内次级断裂，牵引褶皱、褶曲，节理及劈理较为发育，为矿床的形成提供了较好的富集场所。

（1）昆南活动断裂：位于矿区南部，呈东西向展布，由若干个分支断裂和一系列片理、破劈理及构造岩带和构造地貌组成，主断裂称为昆南活动断裂。沿东大滩、黑刺沟一线展布，控制了不同构造单元的分界。地表断裂标志明显，航卫片线性形迹醒目，地貌上呈一线型负地形断陷谷地；为一条规模巨大的大型左旋走滑断裂，走滑距离达 80km，断裂带旁侧发育破劈理及节理密集带，与矿化形成关系密切。

（2）东大滩北断裂（F₁）：位于东大滩北部，向东被北东向断裂截切，长约 19km，断裂近东西向，断层线呈舒缓波状，地表断面总体南倾，倾角在 50° ~ 75°之间，形成宽 50 ~ 100m 宽的片理化带；后期叠加挤压破碎，带内发育碎裂岩、断层泥砾，沿断裂展布方向多形成对头沟，断层三角面及断层残山地貌，航卫片上线性显示明显，是万宝沟群、苦海岩群、纳赤台群之间的分界断裂，具有挤压逆冲性质。

（3）北东向断裂组：构成本区的主要断裂，各断裂近于平行，以挤压逆断层为主，断面向南东倾斜，倾角 70°左右，个别倾向北西，倾角 50°左右。本区以忠阳山断裂（F₂）最为典型，为正断层。

C 岩浆岩

岩浆岩分布于测区西北部，主要岩性为二长花岗岩（$\eta\delta_5^2$）和花岗闪长岩（$\gamma\delta_5^2$），为燕山期磨石沟花岗闪长岩体（$\gamma\delta_5^2$）的一部分，围岩为纳赤台群的变砂岩、千枚岩、片岩等，因受热力烘烤及热液蚀变，围岩多呈角岩化、硅化、绿帘石化等蚀变。脉岩以花岗斑岩、二长花岗岩类为主。

矿区北西为燕山期磨石沟二长花岗岩体（见图 4-33），矿区内见有大量的黑云母花岗闪长岩脉，多沿构造裂隙、节理侵入，片麻状构造很发育，片麻理与围岩片理平行斜交界面，显示构造片麻理。当其侵入于大理岩中时往往在其两侧（大理岩）见有铁、铜矿化现象。

矿区内与成矿有关的地质作用多样，与铁铜成矿有关的火山活动、接触交代作用强烈，具有形成铜矿床的前提条件。矿区受印支晚期－燕山期岩浆及构造活动影响，发育有昆南活动断裂、东大滩北断裂（F₁）及忠阳山南断裂（F₂）。次级构造极为发育，强烈的构造和火山活动使得成矿物质运移并在构造破碎、节理裂隙位置富集成矿。

D　矿化特征

矿区西部以铁矿化为主，见有磁铁矿，呈透镜状，多位于岩体接触带部位或万宝沟群大理岩与碎屑岩接触面上，形成明显的构造破碎带，地表风化形成强烈的褐铁矿化蚀变带。铁矿石矿物有磁铁矿、赤铁矿、镜铁矿、褐铁矿等。脉石矿物主要为方解石，其次为石英、绿泥石、绢云母等。

矿区东部以铜矿化为主，赋矿主岩性为大理岩，矿化主要发生在大理岩与片岩的接触部位、大理岩中的节理裂隙中，其次为片麻状花岗闪长岩岩脉与大理岩的外接触带等部位，随机分布，规律性并不明显。铜矿物沿大理岩层理断续分布而形成不连续条带状构造，铜矿物沿大理岩裂隙发育而形成细脉状构造，较粗大矿脉中形成块状构造以及铜矿物胶结围岩碎块所形成角砾状构造。矿石中原生矿物以斑铜矿、黄铜矿为主，黝铜矿、辉铜矿次之。次生矿物有孔雀石和蓝铜矿，矿石构造有斑点状构造、星点状构造。斑点状结构由斑铜矿和黄铜矿呈斑点状嵌布于方解石颗粒之间构成，星点状结构及细纹状结构由黄铜矿沿方解石解理和格状结构发育而生成。

E　蚀变矿物分布特征

矿区内蚀变矿物异常信息显示，主要发育有菱铁矿、白云石、绿泥石、中－贫铝绢云母等蚀变信息，少量绿帘石、方解石，如图4-34所示。高光谱蚀变矿

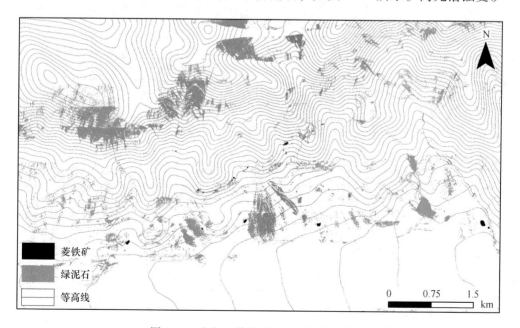

图 4-34　忠阳山铁铜矿查证区异常分布图

物异常以绿泥石、白云岩、中－贫铝绢云母异常最为发育，呈面型异常产出，主要沿南部新近系洪积扇及西北部早侏罗世磨石沟二长花岗岩体与驼路沟花岗闪长岩体侵入带部位，其次为苦海岩群千枚岩、二云斜长片麻岩、白云母石英片岩处。而铁铜矿体主要赋矿层为万宝沟群大理岩段，其异常主要为菱铁矿＋中铝绢云母＋白云岩＋绿泥石＋贫铝绢云母等蚀变矿物异常组合，见表4-6。前三种主要呈点状、斑块状分布，该异常组合与矿化地段吻合较好；后几种主要呈带状、面状异常广泛地分布于矿区南部、西北部苦海岩群、岩体接触带。因此，白云石＋中铝绢云母＋菱铁矿蚀变矿物异常组合很好地指示出赋矿围岩－大理岩的所在。

表4-6   忠阳山铁铜矿蚀变矿物异常分布特征

地质条件	Sd	Do	Ep	Chl	L-mus	M-mus	H-mus
岩体接触带	无	面型	局部面型	面型	面型	面型	不发育
万宝沟群	点状	带状	不发育	带状	带状	斑点状	不发育
苦海岩群	点状	面型	不发育	面型	面型	面型	不发育

调查显示矿区内分布有苦海岩群（见图4-35(a)），万宝沟群碎屑岩段（见图4-35(b)），以深灰色黑云母石英片岩、钙质千枚岩为主，其次为大理岩。结合其近红外光谱特征（见图4-36），苦海岩群灰绿色绢云母绿泥石英片岩（DDT-001）有四处吸收峰：分别为位于波长 600 ～ 800nm、800 ～ 1000nm、1000 ～ 1200nm 处的 Fe^{3+}、Fe^{2+}、—OH 吸收峰，2207nm 处的 Al—OH 吸收峰，2245nm

图 4-35   忠阳山矿区野外照片

（a）苦海岩群石英千枚岩；（b）万宝沟群绿泥石英片岩；（c）褐铁矿化蚀变带；
（d）磁铁矿石；（e）孔雀石化大理岩；（f）DDT-004e 褐铁矿化蚀变带

处的 Fe—OH 吸收峰，以及 2345nm 处的 Mg—OH 混合吸收峰（见图 4-36(b)），表现出明显绿泥石化和短波绢云母化，该蚀变组合可能与其相对高压低温的绿片岩相形成环境相吻合。由于矿区南部新近系覆盖发育，仅在山脊、剥离面上出露有苦海岩群，使得该套地层中绿泥石化和短波绢云母化异常不规则展布。万宝沟群黑云绿泥钙质片岩、孔雀石化晶屑凝灰岩（DDT-006、DDT-008c）有 2345nm 处混合吸收峰（见图 4-36(b)），前者有 2245nm 处的 Fe—OH 吸收峰、Fe^{3+} 吸收峰，具有绿泥石化区域蚀变特征，后者伴有 Cu^{2+} 吸收峰，表现出孔雀石化特征。

矿区西部万宝沟群纹层状大理岩样品 DDT-004b、DDT-004c、DDT-004d（见图 4-36(c)），其近红外光谱曲线除均有 2340nm 处的 CO_3^{2-} 吸收峰外，又因其所处地质环境不同而有所差别。样品 DDT-004c 光谱曲线有 2210nm 处的 Al—OH 吸收峰，表现中波绢云母特征，另外两者该处特征峰则较弱。结合地质特征，样品

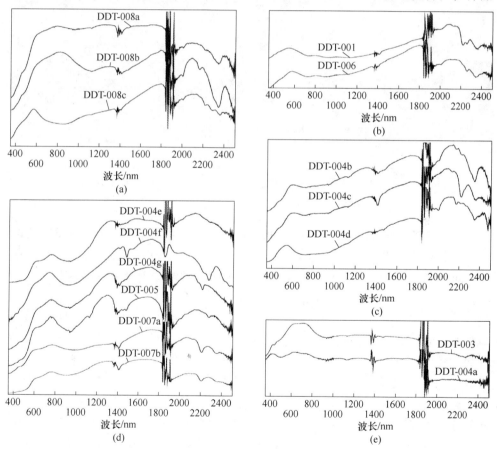

图 4-36　忠阳山矿区岩、矿石光谱曲线

（a）大理岩；（b）石英千枚岩、黑云绿泥钙质片岩；（c）孔雀石化纹层状大理岩；

（d）蚀变破碎带；（e）磁铁矿石

DDT-004c 采于磁铁矿围岩中。镜下鉴定显示，其岩石组成为方解石82%，石英+斜长石10%，白云母8%。方解石呈他形变晶状结构，受到构造作用呈定向分布（图4-37(a)）。石英、长石少量，颗粒细小，充填在方解石颗粒间隙中，分布不均匀，多呈圆粒状。白云母呈细小片状，长轴大小在0.1mm左右，分布在方解石间隙，呈定向分布，如图4-37(b)所示。镜下鉴定结果与高光谱异常提取结果均显示出中波绢云母化和白云岩化异常特征，两者相吻合。赋矿围岩孔雀石化大理岩样品 DDT-004d 除具有 CO_3^{2-} 特征吸收峰外，还有 600 ~ 1000nm 处宽缓 Cu^{2+} 吸收峰（见图4-36(c)），与该样品强烈的孔雀石化相一致。

（a）　　　　　　　　　　　　　　　　　（b）

图 4-37　孔雀石化大理岩（DDT-004c）镜下照片

(a) 方解石他形变晶粒结构；(b) 细小片状白云母

　　矿区赋矿围岩样品 DDT-008a、DDT-008b 为白云质大理岩（见图4-36(a)），其近红外光谱曲线有 2335nm 处的 CO_3^{2-} 吸收峰。磁铁矿露头受后期氧化作用，多有明显 Fe^{2+}、Fe^{3+} 吸收峰，但未经氧化作用的磁铁矿则没有明显的特征吸收峰，表现出低反射率（见图4-36(e)）。矿区内矿化体多位于大理岩段，呈透镜状，周围大理岩受磁矿体风化淋滤作用影响，其中铁质成分沿大理岩中层理及裂隙分布，使得本区大理岩地表氧化呈黄褐色，且有明显的 Fe^{2+} 吸收峰，Fe^{2+} 吸收峰和 CO_3^{2-} 吸收峰两者共同构成了菱铁矿"假"吸收峰，使得矿区内菱铁矿异常沿铁（铜）矿化呈点状分布。

　　矿区内破碎蚀变带较发育，呈北东东向产出，与区内大理岩层位相吻合。其样品近红外光谱均显示 Fe^{2+}、Fe^{3+} 特征吸收峰（见图4-36(d)），样品 DDT-004f、DDT-005 在 2260nm 处有强度不一的黄钾铁矾 Fe—OH 吸收峰。而样品 DDT-004g 有 2200nm 处的 Al—OH 吸收峰，依据其吸收峰形状特征，推测为高岭土化。样品 DDT-007a、DDT-007b 有 2200nm 处吸收峰，推测为伊利石化。区内铁、铜矿多产出于万宝沟群碳酸盐岩组的蚀变破碎带中，结合其光谱曲线特征认为，菱铁矿（褐铁矿化＋白云岩化）＋中波绢云母呈带状、点状分布区域较好地指示出矿化蚀变带。

对矿区西部铜矿化体进行近红外光谱分析显示：样品 NCT-013，岩性为大理岩。它主要有 5 个光谱吸收峰（见图 4-38（a））：1412nm、1467nm、1880 ～ 1975nm 附近有两处水分吸收峰；2160nm 附近为一小的吸收峰；2220nm 附近有一处小吸收峰；2260 ～ 2370nm（中心 2336nm）附近有一处明显的方解石碳酸盐吸收峰。光谱解算显示，其矿物主要由方解石组成。

样品 NCT-014 主要有 5 个近红外吸收峰（见图 4-38（b））：600 ～ 800nm、800 ～ 1000nm 有两处铁离子吸收峰；1400nm、1880 ～ 1975nm 有两处水分吸收峰；2530nm 附近有一处小的 Fe—OH 吸收峰；2290 ～ 2360nm（中心 2340nm）为 Mg—OH 吸收峰，由绿泥石引起。其镜下鉴定的碳酸盐化、绿泥石化、绢云母化与其光谱特征一致。光谱解算显示，其主要由绿泥石组成，少量混合绿帘石、钙铝榴石矿物。

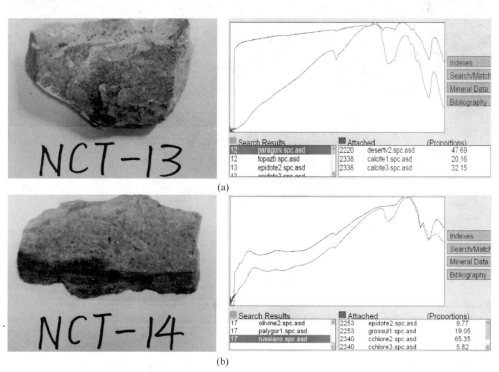

图 4-38　忠阳山铜矿样品及其光谱曲线

样品 NCT-014 岩性为绿泥钙质片岩，岩石镜下鉴定显示：岩石组成为长英质39%、普通角闪石 8%、黑云母 5%、绿泥石 8%、碳酸盐 40%，岩石原岩可能为细粒花岗质岩石，主要成分为长石、石英，还有少量的斑晶矿物角闪石，形态呈半自形柱状（见图 4-39（a）），大小为 0.4mm×1mm，斑晶分布不均匀。而后，岩石受到气液作用的影响，产生蚀变，表现为：岩石发生碳酸盐化（见图 4-39（b））、绿泥石化（见图 4-39（c））、黑云母化，且以碳酸盐化为主。其中，长石小颗粒被碳酸盐、绿泥石、黑云母交代，少量斑晶角闪石被绿泥石交代。碳酸盐矿物呈他形粒状，绿泥石、黑云母形态均呈片状，变晶矿物的粒度大于 0.1mm。继而，岩石受到应力作用产生片理化，原岩中残余矿物及变晶矿物均产生定向拉长，形成岩石的片状构造。另外，岩石中有少量金属矿物，部分围绕绿泥石化的角闪石分布，部分与蚀变矿物碳酸盐一起，形态呈不规则粒状、叶片状等。

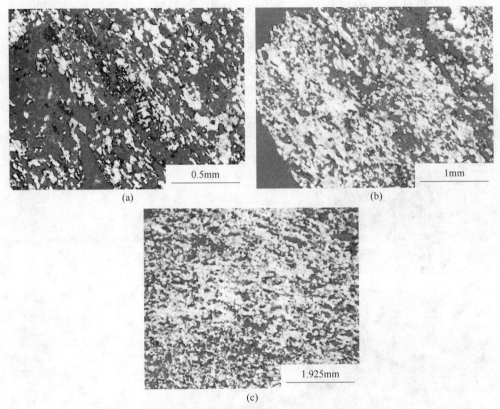

图 4-39   样品 NCT-014 镜下不同分辨率的照片
（a）半自形柱状石英和长石；（b）碳酸盐化；（c）绿泥石化

综上认为，矿区内铁铜矿体主要赋存在万宝沟群的破碎蚀变带及岩体接触带中，受风化蚀变影响形成褐铁矿化、碳酸盐化（菱铁矿化）带状蚀变矿物异常，矿区周围受变质热液影响见有绿泥石化、绢云母化。同时，前人研究认为"该矿地表可见矿段已被小规模民采殆尽，但如加强矿床成因类型和重构控矿地质条件，有望使其获得新生"。区内发育有串珠状菱铁矿化异常，近北东东向断续出现。其与区内构造线方向一致，同时叠加有带状的中铝绢云母、白云石异常，为区内破碎带引起。区域上矿区位于驼路沟－忠阳山 Cu-Co-Au-玉石成矿带上，受昆仑南坡深大断裂活动及热液交代叠加的影响，在宜于交代成矿的部位有利于 Fe、Cu、Au 等成矿元素的沉淀富集。宏观上，工作区又位于燕山期磨石沟花岗闪长岩岩体外接触带的碳酸盐岩段，该岩体为成矿提供了丰富的物质来源；在该岩体的边部已经发现了忠阳山铜矿、菜园子沟铜金矿以及磨石沟铜矿化点，而位于东昆仑成矿带中金矿化多与构造蚀变带相关。构造破碎带、糜棱岩带是找铜及金的主要构造标志，硅化、褐铁矿化、绢云母化等蚀变是找铜、金的主要蚀变标志。因此，在该矿区适当地加强金矿化的寻找具有重要意义。

4.2.2.2 纳赤台金矿

纳赤台金矿矿床位于工作区北部，纳赤台镇北东侧，构造位置属于东昆南古生代增生楔杂岩带，成矿区带划分属东昆仑南铜、钴、金、钨、玉石成矿亚带。其地理坐标：北纬 $35°57'42''$，东经 $94°37'40''$。进矿区有简易公路可供通行，交通较便利。

A 地层

矿区地层为元古界万宝沟群碳酸盐岩组（Ptwn^c）。岩性为一套浅灰色白云岩、条带状硅质白云岩夹石灰岩、变砂岩及砂质板岩等，如图 4-40 所示。矿区内表现为一套稳定沉积的单斜岩层，其变质变形强烈，各类揉皱、石香肠、褶叠层等发育。

（1）白云岩（Dol）：包括泥晶质白云岩和隐晶质白云岩，多为褐黄色、橘黄色，中厚层状构造，主要成分为白云石、石英及少量金云母和碳质。其构成 Ptwn^c 岩组的上部地层，也是矿区的主要岩性；分布于矿区北东部，岩性稳定，地貌上形成陡壁。

（2）灰岩（Ls）：多为深灰色，厚层块状构造、交代或交代残余结构。主要成分为方解石，含量在 95% 以上，含少量白云石和黏土质矿物，呈自形半自形晶。岩性较脆局部岩石破碎呈角砾和碎裂岩，强烈硅化地段变为次生含灰岩碎屑硅化白云岩（见图 4-41(c)）。

（3）大理岩（Mb）：以灰白色及浅灰色为主，有糜棱结构、碎斑结构、细粒及他形粒状变晶结构、层状及块层状构造（见图 4-41(b)）。主要矿物为方解石 90%，白云石 10%。目前发现的矿体大多数产于该套岩性中，是区内的主要赋矿地层。

（4）板岩（Ss）：以灰黑色和黑色为主，有板状构造、千枚状构造，由绢云母、长石、石英、石英粉砂碎屑组成。

B 构造

矿区内断裂较为发育，以北西向最为发育。与区域主体构造线接近一致，应

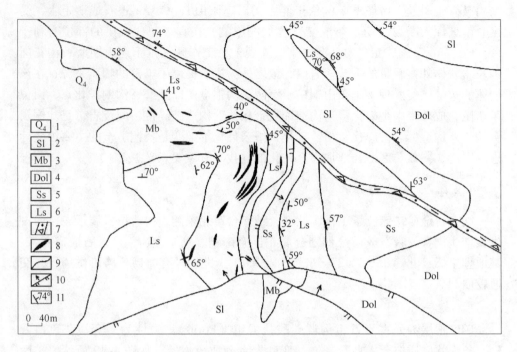

图 4-40　纳赤台金矿地质简图

1—冲洪积物；2—粉砂质板岩夹砂质板岩；3—大理岩；4—白云岩；5—长石石英砂岩；
6—灰岩；7—破碎蚀变带；8—金矿（化）体；9—地质界线；10—实测逆断层；11—产状

是区域大断裂派生的次级构造，构成矿区的主要构造框架。性质以压性、压扭性为主，后期活动的小规模平推断层往往对矿体具有破坏作用。断裂形成的破碎带宽在 10～40m 之间，走向基本为 300°方向，倾向为北东或北北东向，倾角较陡多在 70°以上。按其展布方向可分为北西—南东向、近南北向和近东西向三组。

（1）北西向断裂（F_1）：规模大横贯矿区，其中南东端较北西端发育。断层破碎带宽 2～5m，最宽处 10m，构造岩主要为糜棱岩化、片理化的碎裂岩，带内褐铁矿化、绢云化、绿泥化较为发育，表现为压扭性质。北东倾向，产状为41°∠63°。从区域上看，北西向断裂对金矿的形成有着控制作用，但其容矿性较差。

（2）南北向断层破碎带（F_2）：发育于矿区中部，形成规模较大的南北向压扭性的破碎蚀变带。带宽 5～10m，呈现出宽大的片理化及糜棱岩带，沿片理分布的毒砂脉体呈透镜状。

（3）近东西向平推兼扭性断层（F_3）：位于矿区南部，为一组近东西走向的平移性质的断层，是矿区最晚的一期构造，切割前期 F_2 构造及地层。断裂无明显的破碎蚀变带，带内可见毒砂细脉的贯入，形成金矿脉。

（4）次级蚀变破碎带：次级蚀变破碎带、脆韧性小断层、节理密集带、构

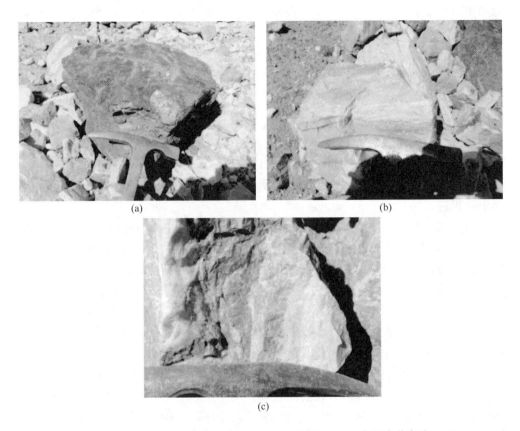

图4-41 纳赤台金矿褐铁矿化灰岩（a）、大理岩（b）、大理岩化灰岩（c）

造裂隙为区内的主要储矿部位，同时也框定着矿化分布范围。金矿化蚀变沿低变质片理化带分布，并和变质层理基本吻合。

大理岩中脆性蚀变带、节理、构造裂隙等部位是矿液运移并积淀的良好场所，后期含矿热液贯入接触交代围岩后形成毒砂矿化碎裂状、角砾状的蚀变岩（大理岩、石灰岩等）。

C 矿石类型

矿石类型有毒砂脉型金矿石、毒砂矿化碎裂岩型金矿石和构造蚀变岩型金矿石，其中以毒砂脉型金矿石为主，毒砂矿化碎裂岩型金矿石次之，一般金品位较高；构造蚀变岩型金矿石极少量，且金品位较低。矿石主要有自形晶粒状结构、半自形－他形粒状结构、交代残余结构等，矿石构造有块状构造、浸染状构造、碎裂状构造、星散状和脉状构造等。

矿石矿物种类比较简单，主要为毒砂、黄铁矿、臭葱石、褐铁矿等，另有少量磁铁矿、黄铜矿、孔雀石等；脉石矿物主要为方解石、透闪石、绢云母、石英等。围岩蚀变有硅化、绢云母化、绿泥石化、碳酸盐化、高岭土化等。硅化表现形式有两种：一种是交代型，这是大量的基本的形式，主要由微晶玉髓组成；另一种是充填型，这是交代型的伴生形式，在交代过程中，白云岩被溶蚀而产生大小不等、沿层理方向发育的孔洞，并被细-粗晶石英和纤维状玉髓充填。这两种形式可同时存在，由交代到充填是硅化作用由弱到强、由简单到复杂的过程。

D　围岩蚀变

矿区内见到的蚀变有10余种，具有普遍性、代表性与金矿化关系密切的有褐铁矿化（图4-41（a））、硅化、黄铁矿化、黄钾铁矾、雄（雌）黄化、砷华等。绿泥石化、绢云母化、千枚岩化、高岭土化和碳酸盐化等蚀变则与区域变质相关而十分普遍。

（1）硅化是区内较普遍的岩石蚀变之一，表现形式有两种：一种是石英细脉、网脉及石英团块形式充填于构造裂隙中；另一种为硅质通过渗透交代围岩中原有的矿物，形成硅化蚀变岩石。硅化主要形成在砂岩型矿石的围岩中。

（2）毒砂黄铁矿化，主要表现在毒砂型矿体在地表氧化淋滤后形成雄（雌）黄、臭葱石、砷华等，主要产在金矿（化）体及附近的围岩中，毒砂、黄铁矿以微细粒为主，呈散状、团粒状及细脉浸染于碎裂岩石和其他蚀变岩中。在表生氧化作用下，常表现为褐铁矿化。

（3）碳酸盐化，分布范围广，主要以方解石、铁白云石细脉及矿物集合体的形式出现，形成的颗粒粗大；其次是以交代作用形成方解石、含铁白云石等新生矿物，往往与其他蚀变矿物形成复合脉体，并伴有毒砂、黄铁矿化等。

（4）绢云母化，和其他蚀变矿物（高岭土石、石英等）一起分布于蚀变碎裂岩中，野外难以观察。

（5）高岭土化，白色、灰白色高岭土化呈细脉状、皮壳状分布于碎裂岩石角砾间、断裂面及岩石节理裂隙中，形成于矿化晚期阶段；与金矿化作用关系不大。

综上所述，矿区内蚀变呈带状沿含矿构造带分布，金矿体产出部位蚀变强烈叠加。蚀变多具有水平分带，由矿体至围岩一般为硅化（硅化大理岩、石灰岩、砂板岩、构造岩）→硫化物带（褐铁矿化、黄铁矿化、毒砂及硅化）→绢云化、碳酸盐化、少量硅化→围岩（正常大理岩、灰岩等）。金主要富集于硅化带和硫化物带中，这一现象完全反映出构造、热液活动由中心向两侧逐渐变弱的情况。

E　蚀变矿物分布特征

矿区影像上呈亮灰色、灰白色色调，影纹较粗糙，树枝状水系，覆盖不均匀，沿山脊河谷两侧陡壁处出露较好。高光谱异常信息提取结果表明，矿区内蚀变矿物极为发育，主要有绿帘石化、绿泥石化、高-中-低铝绢云母化、方解石、白云石、菱铁矿等，如图4-42所示。

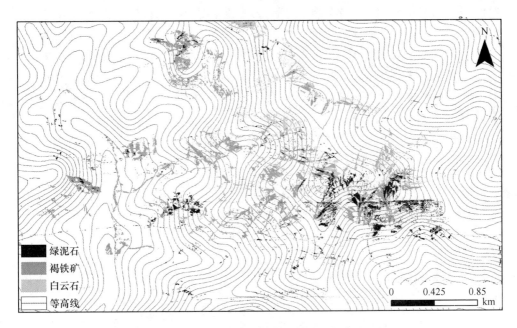

图 4-42 纳赤台金矿蚀变矿物分布图

菱铁矿异常表现出两种形态：（1）沿河谷、沟壑呈条带状、树枝状分布的异常，调查认为区内河沟中多为两侧滚落的岩石，以灰岩、大理岩为主，受风化作用影响形成铁染氧化表层，其中碳酸盐成分和铁离子共同形成菱铁矿异常，其异常形态很好地勾勒出河谷、冲沟或山壁裸露的形态；（2）沿矿区分布的密集斑块状菱铁矿异常，其异常形态不受地形控制，密集分布，与金矿化区域相吻合。

白云岩异常呈面型分布，在矿区东部强度较高，整体呈北西向延伸，与实际地质情况相一致。

方解石异常分布较少，整体上与白云岩分布范围有重合。

低铝绢云母异常主要沿河谷分布；中 – 高铝绢云母化、绿泥石化主要在矿区和山顶等两处密集分布。

绿帘石化主要在矿区分布，呈稀疏状产出。

结合矿区遥感影像特征，矿区内除了在风化坡积覆盖较好的区域异常反映较弱外，其余地区异常显示效果相对较好，特别是对区内与金矿化关系较为密切的蚀变碎裂岩中的绢云母化反映效果较好，褐铁矿化在此以菱铁矿化也有很好的反映。

结合近红外光谱测量结果及蚀变矿物分布，方解石、白云石化异常主要由白云岩、灰岩、大理岩引起，该岩性的光谱曲线在 2345nm 处发育有明显的 CO_3^{2-}

吸收峰，如图4-43（b）~（d）所示。绢云母化主要由区内板岩、粉砂岩引起。菱铁矿主要与区内褐铁矿化大理岩、白云质大理岩有关（见图4-43（b）、（c）），其主要由Fe^{2+}吸收峰和CO_3^{2-}吸收峰构成菱铁矿异常。绿帘石、绿泥石与区内大理岩后期蚀变岩关系密切，矿石样品的光谱曲线（见图4-43（a）），在2210nm处有Al—OH吸收峰，在600~1200nm有Fe离子吸收峰，在2340nm处有CO_3^{2-}吸收峰，整体表现出褐铁矿+碳酸盐（菱铁矿）+绢云母蚀变组合。综上认为，中-高铝绢云母化+菱铁矿化+碳酸盐化+绿泥石化与矿区内金矿化地段吻合较好。

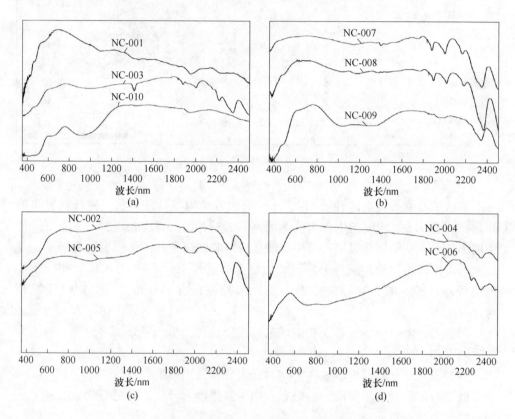

图4-43　纳赤台金矿岩矿石光谱曲线
（a）矿石样；（b）褐铁矿化大理岩；（c）白云质大理岩；（d）方解石、灰岩

研究认为，东昆仑地区金矿床毒砂矿化、黄铁矿化、辉锑矿化、硅化、绢云母化、绿泥石化、碳酸盐化、大理岩化等矿化与蚀变广泛发育，说明该区水—岩反应普遍存在，水—岩反应可以萃取围岩中的成矿物质，也可以改变成矿流体的物化条件，是金属硫化物沉淀的重要因素，韧脆性断裂/剪切带提供了成矿流体迁移的通道，同时也是水—岩反应剧烈的场所。纳赤台金矿研究表明，大理岩中

的破碎蚀变带是区内重要的赋矿地层,蚀变破碎岩主要以褐铁矿化、绢云母化、绿泥石化蚀变为主。因此,在该区寻找方解石 + 菱铁矿 + 绿泥石 + 中 – 高铝绢云母化蚀变异常组合且次级构造发育区段将为下一步金矿找矿的有利地区。在矿区的北部分布有一蚀变异常与矿化区异常相一致的地段,其地质条件与纳赤台金矿相一致,同位于 1 : 50000 水系沉积物金地球化学异常中,因此,认为该区找矿潜力较好。

4.2.2.3 万宝沟金铜矿

万宝沟金铜矿位于 J46E024018 格尔木市纳赤台西万宝沟脑铜金山地区,地理坐标:东经 94°20′25″,北纬 36°00′44″,矿点距青藏公路万宝沟沟口约 20km,有便道可通行汽车,交通较为方便。

A 矿点地质

矿点大地构造位置位于昆中断裂以南的昆南构造混杂岩带上。

地层:矿点及其周边出露的地层为中元古代万宝沟群火山岩组。万宝沟群火山岩组分布在整个矿点,其岩性组合为灰绿色、灰色玄武岩、玄武安山岩、安山岩、熔岩火山角砾岩夹大理岩、泥质岩、硅质岩(大部分糜棱岩化)等,该岩组总体呈北西西 – 南东东向展布。铜矿化产于该地层中。

构造:矿点附近发育一条断裂构造,断裂总体走向 130°,断层性质为逆断层,力学性质以压性为主,断面产状 220° ∠55°,断裂发育宽 10 ~ 40m 的断层破碎带。

B 矿化体特征

矿化体的空间分布,矿点地处万宝沟上游西侧 1 : 50000 水系沉积物 As8 异常中,矿化体多为含金铜石英脉,均产于中元古代万宝沟群火山岩组片理化带(蚀变带)与大理岩接触带上,矿化带长千余米,宽度在 20 ~ 50m 不等。含金、铜矿化石英脉在片理化带中顺裂隙产出。矿化体走向与地层走向相一致,倾角 65° ~ 80°。

矿石类型较单一,主要为黄铜、黄铁矿化石英脉;具有浸染状、块状构造,他形粒状结构。矿石矿物为黄铜矿、黄铁矿,脉石矿物为石英、方解石等。采样测试分析结果,铜含量最高 1.11%,在 0.07% ~ 0.78% 之间;金含量最高 17g/t,一般为 0.6 ~ 3g/t。

C 蚀变特征

该矿点产于中元古代万宝沟群火山岩组与大理岩组接触部位,火山岩组中金铜成矿元素含量较高。碳酸盐岩是易被交代,有利于成矿的围岩。因此,详细研究矿区万宝沟群火山岩组与大理岩组中的岩、矿石近红外光谱曲线特征具有重要意义。图 4-44 为万宝沟金铜矿野外岩矿、岩石照片。

图 4-44　万宝沟金铜矿野外岩矿、岩石照片

　　以万宝沟北端万宝沟铜矿为例，它位于万宝沟群大理岩段与火山岩段的接触部位。其硅化安山岩样品 NCT-002，光谱测量显示有 7 个吸收峰（见图 4-45）：600~1200nm 内有 3 个吸收峰，是铁离子的吸收峰，峰形平缓；1400nm、1890~

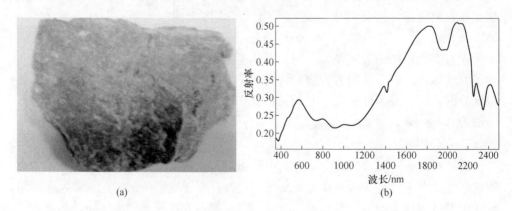

(a)　　　　　　　　　　　(b)

图 4-45　硅化安山岩样品（a）及光谱曲线（b）

2020nm 为水分的吸收峰；2240～2280nm 有一处明显的吸收峰，为 Fe—OH 吸收峰；2320～2380nm 为 Mg—OH 吸收峰，峰形较前一个更深，表现出强绿泥石蚀变特征，与光谱解算结果相一致。

含浸染状黄铜矿的石英脉 NCT-003 主要有 10 个吸收峰（见图 4-46）：600～1000nm 内有一个宽缓的吸收峰，是铜离子的吸收峰，峰形平缓；1400nm、1890～2020nm 为水分的吸收峰；2165nm 处有一较小吸收峰；2200nm 附近有一处较小的 Al—OH 吸收峰；2348nm 附近有一处较弱的 CO_3^{2-} 吸收峰；2390nm、2467nm 附近均有一处吸收峰。光谱解算显示，其发育有高岭土、孔雀石化特征吸收峰。

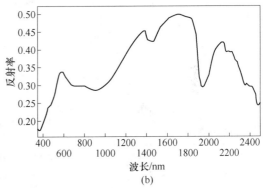

(a) (b)

图 4-46 浸染状黄铜矿的石英脉样品（a）及光谱曲线（b）

含脉状黄铜矿的白云质硅化大理岩样品 NCT-003b，光谱测量显示其有 7 个吸收峰（见图 4-47）：460～1026nm 内有三个吸收峰，是铁离子的吸收峰，峰形平缓；1400nm、1890～2020nm 为水分的吸收峰；2200nm 附近有一处较小的 Al—OH 吸收峰；2340nm 附近有一处 CO_3^{2-} 吸收峰，其峰型深，强度大。光谱解算显示，其矿物成分以方解石、沸石为主。

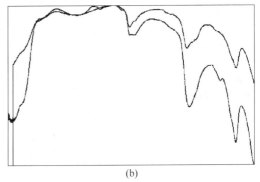

(a) (b)

图 4-47 浸染状黄铜矿的石英脉样品（a）及光谱曲线（b）

含脉状黄铜矿的硅化大理岩的矿化部分光谱测量，显示 NCT-003bk（新鲜面）有 10 个吸收峰（见图 4-48）：460～1026nm 内有三个吸收峰，是铜离子的吸收峰，峰形平缓；1400nm、1890～2020nm 为水分的吸收峰；2166nm、2196nm、2348nm、2388nm、2467nm 附近均有较小的吸收峰。与 NCT-003 样品光谱特征相似，但其反射率明显较低。

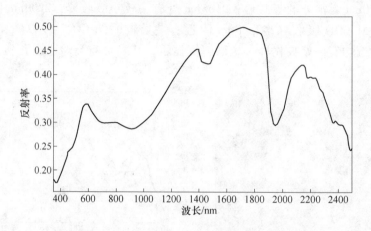

图 4-48　含黄铜矿的石英脉光谱曲线

含黄铜矿的硅化大理岩 NCT-004x（新鲜面）有 7 个吸收峰（见图 4-49）：460～1026nm 内有三个吸收峰，是铁离子的吸收峰，峰形平缓；1400nm、1890～2020nm 为水分的吸收峰；2200nm 附近有一处较小的 Al—OH 吸收峰，表现出短波绢云母特征；2340nm 附近有一处 CO_3^{2-} 吸收峰。

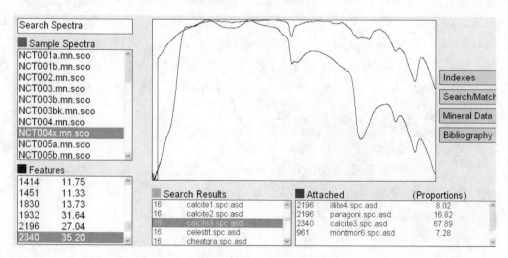

图 4-49　含黄铜矿的石英脉样品光谱曲线

NCT-004f（风化面）有 7 个吸收峰（见图 4-50）：460～1026nm 内有一宽缓的铜离子吸收峰，峰形平缓；1400nm、1890～2020nm 为水分的吸收峰；2200nm 附近有一处较小的—OH 吸收峰；2340nm 附近有一处 CO_3^{2-} 吸收峰，另在 2465nm 处有一处尖锐的—OH 吸收峰。

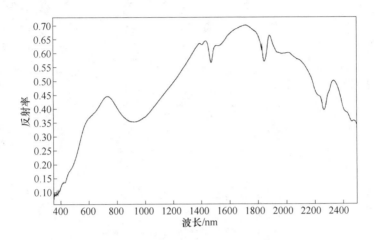

图 4-50　含黄铜矿的石英脉样品光谱曲线

综上所述，结合区内影响特征，矿区整体覆盖较厚，仅在矿区外围的山顶、山脊处岩石裸露较好，区内有零星的方解石、绿泥石、高铝绢云母化、白云石、绿帘石、菱铁矿异常，星点状分布。结合上述光谱测量区内矿化样品表现有褐铁矿化、孔雀石化、大理岩化、绿泥石化，可依此蚀变矿物组合对外围成矿有利地段进行查证。

4.2.2.4　小南川磁铁矿

小南川磁铁矿位于工作区中部，新藏铁路西侧，交通方便。地理坐标：东经 94°20′00″，北纬 35°51′08″。地层为中 - 新元古代万宝沟群火山岩组，矿体赋存于白色大理岩夹层中，矿体呈透镜状、条带状和似层状；顺层延伸 150m，最大厚度 25cm，较富矿体长约 15m，顺层产出。

矿区发育有低铝绢云母化、中铝绢云母化、白云岩化、绿帘石化，局部地段发育角闪石化，如图 4-51 所示。矿物分布呈不规则状发育，以山腰 - 山顶部分强度较高，沟谷中主要是受区内冲积物覆盖的影响，高光谱遥感异常发育弱。结合该区地质条件认为，矿区位于万宝沟群火山岩组，岩石原岩为中基性沉凝灰岩，发生绿片岩化，表现为绿泥石化、绢云母化、绿帘石化，伴随有磁铁矿化。后期岩石产生硅化与方解石化，沿着层理侵入交代，现岩石保留原岩的层理构造。

样品 XNC-003，取自小南川磁铁矿体，其原岩为中基性沉凝灰岩，发生绿片

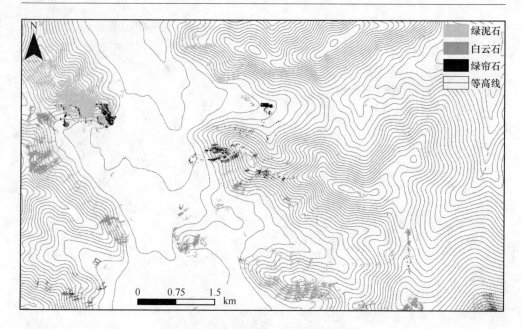

图例：
绿泥石
白云石
绿帘石
等高线

0   0.75   1.5
km

图 4-51   小南川磁铁矿蚀变矿物分布图

岩化，表现为绿泥石化、绢云母化、绿帘石化，伴随有磁铁矿化。后期岩石产生硅化与方解石化，沿着层理侵入交代，现岩石保留原岩的层理构造。岩石主要由绿泥石、石英、方解石、绢云母、绿帘石、金属矿物（见图 4-52(a)）组成。其中，绿泥石呈显微鳞片状，无定形，干涉色多呈现异常干涉色–稻草黄；绢云母呈细小显微鳞片状，干涉色为一级黄；绿帘石呈细小粒状、柱状，颗粒在 0.02 ~ 0.1mm 之间，在绿泥石间隙分布。金属矿物为伴随着蚀变作用产生，与硅化、方解石化无太大关系，形态分两种：一种为细小叶片状，沿着蚀变带方向定向分布，颗粒较小，大小在 0.02 ~ 0.05mm 之间；另一种为粒状，横截面呈正方形，较不规则，大小在 0.1 ~ 0.3mm 之间。岩石的蚀变分布不均匀，局部以绿泥石化为主，蚀变沿原岩的似层状构造进行，显示原岩结构假象，推测原岩为沉凝灰岩型。岩石后期产生硅化与方解石化，同时沿着岩石顺层侵入，构成岩石白绿相间的外观，如图 4-52(b) 所示。

样品 XNC-002，取自小南川磁铁矿处，其光片鉴定显示：岩石中的金属矿物主要为磁铁矿（3% ~ 5%），部分磁铁矿被赤铁矿交代，磁铁矿具有磁性。其中磁铁矿形态分两种，一种为半自形粒状（见图 4-53(a)），横截面多呈多边形、五角十二面体等，呈粒状分散分布，其内多有透明矿物的细小包裹体，大小在 0.1 ~ 0.5mm 之间，少部分被赤铁矿交代；另一种呈细小叶片状（见图 4-53(b)），呈微定向分布，大小在 0.01 ~ 0.06mm 之间，部分被赤铁矿交代。两种不同形态的磁铁矿形态、大小相差悬殊，两者属于不同期次的产物，均沿蚀变带分

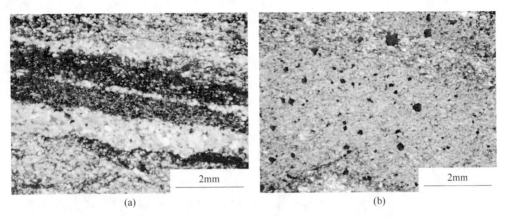

图 4-52　小南川磁铁矿石镜下照片
（a）绿片岩化；（b）硅化与方解石化条带

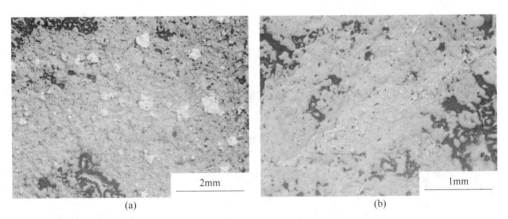

图 4-53　小南川磁铁矿（XNC-002）镜下照片
（a）半自形粒状磁铁矿；（b）细小叶片状磁铁矿

布。磁铁矿镜下光性特征表现为：灰色微带棕色，反射率在 20 左右，均质性，少数呈弱非均质性，显示棕－棕黄色。赤铁矿镜下光性特征表现为：灰白色，反射率在 25 左右，具有强非均质性，内反射呈深红色。

矿区内地层出露中－新元古代万宝沟群火山岩组及纳赤台群一岩组。研究表明，万宝沟群火山岩组及纳赤台群一岩组，都是铜金成矿元素的高背景地层，具有为铜金成矿提供物质来源的基础和条件，是区域内较重要的铁、铜、金成矿矿源层，具有良好的成矿条件。

4.2.3　近红外光谱综合找矿标志

研究表明，东昆仑纳赤台工作区位于青藏高原东北部、古亚洲构造域与特提斯构造域结合部位，是一个具有复杂构造演化历史的多旋回复合造山区。同时，也是极富潜力的金属成矿带。综合前人研究，区内万宝沟群中基性火山岩、碎屑岩、纳赤台基性火山岩系、洪水川组、闹仓坚沟组弧后前陆盆地浊流沉积的碎屑岩，都构成金矿高背景矿源层，为后期金矿成矿奠定了良好的物质基础。加里东期末在万宝沟玄武岩高原与柴达木地块碰撞拼贴时形成花岗质岩浆侵入活动、华力西－印支期洋壳俯冲作用及最后巴颜喀拉洋闭合形成了一系列花岗质侵入体等多期次岩浆侵入活动为金矿成矿提供了大量的热驱动，使成矿流体发生大规模、长距离迁移；构造活动较强烈，除南、北两侧的昆中、昆南断裂带外，还发育一系列北西西和东西向断裂构造/剪切带，为成矿提供了导矿和容矿空间，该带具有成矿作用的多样性。同时，不同的控矿因素，其蚀变矿物分布又表现不同的特点，结合上述两个典型地质剖面、典型矿床对区内控矿地层、控矿构造的异常特征进行总结。

4.2.3.1　地层控矿在蚀变矿物分布上的反映

东昆仑纳赤台工作区内目前所发现的一系列金矿床（点）分别处于中－晚元古代万宝沟群（纳赤台金矿）、巴颜喀拉山群（东大滩、大场）地层中均为具有浊流沉积特点的碎屑岩，同时伴有不同程度的火山活动，古构造环境分别处于不同时代的活动大陆边缘或弧后前陆盆地，共同特点是沉积了厚层－巨厚层的碎屑岩系，形成了大量微细粒黄铁矿、胶黄铁矿/草莓状黄铁矿，同时也沉积了Au、Sb等众多成矿元素，构成了初始矿源层，在后期改造过程中，由于热液萃取地层中的成矿物质发生迁移而沉淀成矿。尤其在泥质－粉砂质碎屑岩地层中夹有碳酸盐地层，碳酸盐类岩石的物理、化学性质对成矿有明显影响：（1）具有高的有效孔隙率，脆性易碎岩石（如白云岩、灰岩及硅质岩）有利于成矿；（2）（白云质、泥质）灰岩等易溶（熔），易分解，其中元素普遍比砂岩、页岩中的活泼，易受外界热及流体的影响，有利于成矿元素的迁移、富集，交代成矿；并且顶板的泥质岩层又起到屏蔽作用，形成很好的地球化学障，使得矿体均沿着碳酸盐、碳酸盐中破碎带产出。

在这一成矿过程中形成了不同的蚀变矿物组合特征，以万宝沟群为例，其火山岩组普遍有绿泥石化、绿帘石化、绢云母化；大理岩组则有褐铁矿化，白云岩化（菱铁矿化）、方解石化。万宝沟群赋金、铜部位，多见于火山岩组与大理岩组的接触带上（如万宝沟金矿），或者大理岩组的破碎带中（如纳赤台金矿、忠阳山铜矿），两者表现为菱铁矿＋中铝绢云母＋白云岩矿物组合，方解石＋菱铁矿＋绿泥石＋中－高铝绢云母化蚀变矿物组合，展布形态上以带状、串珠状异常组合为主。

4.2.3.2　构造控矿在蚀变矿物分布上的反映

纳赤台工作区分布于昆中断裂、昆南断裂，这两条深大断裂构造带的长期性、脉动性和继承性，有利于成矿物质的反复叠加富集，使它们汇聚在同一有限空间，这种多重富集作用有利于形成矿床。同时，深大断裂带因其自身的贯通性而能连通位于不同深度和不同地质体内的不同类型流体，并导致它们的混合，这有利于汇集成矿所需的矿质、挥发分和形成必要的地球化学障，因而有利于形成矿床。

研究表明，在内生成矿的诸多因素中，与局部的沉积或火山环境相比，构造环境是根本性的因素[72]。深大断裂/边界断裂（一级）往往是重要的导岩导矿构造，而次级韧脆性断裂（破碎带）往往是重要的容矿空间。东昆仑造山带金矿床（点）多沿缝合带/边界断裂附近发育的区域性断裂带/大型韧性剪切带（二级）分布，说明该级别构造为矿床/矿田的主要控矿构造，是成矿流体发生大规模迁移的通道，矿体多受其旁侧的次级断裂构造带（三级）控制；控制矿体构造为韧－脆性破碎带/剪切带或褶皱（层间滑脱部位），该级别构造是成矿流体物化条件改变、成矿物质组分沉淀的场所，为良好的储矿构造。从东昆仑造山带已知金矿床的控矿因素看，韧脆性破碎带/剪切带或层间滑脱部位的规模严格框定着矿体的规模，破碎带构造控制着容矿岩石的分布并引发动力变质作用，促使成矿物质活化、迁移、再富集，同时为含矿流体提供运移通道和淀积场所。不同的蚀变矿物分布、展布形态，可能是一定地质单元的表现，例如前面提到的明金沟金矿北侧断裂，其蚀变矿物组合明显与断裂构造相吻合，不同剪切带均有相应的蚀变矿物组合分布等。因此，在蚀变矿物查证筛选过程中应结合其影像特征、异常组合、形态展布、构造条件综合考虑。

4.2.3.3 岩浆岩控矿在蚀变矿物分布上的反映

矿区内岩浆岩特别发育，以中－酸性岩为主，成岩时代以古生代晚志留世、晚泥盆世、中生代三叠世、侏罗世最为强烈。多期次岩浆活动对成矿作用，具有两个方面的作用：（1）提供热力学条件。后期花岗质岩浆的侵入改变了局部的地热梯度，并形成了岩浆源中心的热场。由岩浆体向外形成由高到低的地热梯度，在这种热源影响下，含矿地层、围岩中的金及其他成矿元素，发生活化迁移，各种含矿溶液沿断裂由高压带向低压带运移。（2）提供含矿热液。由于岩浆冷凝，岩浆中挥发组分、水和其他成矿元素等组分，逐渐聚集形成含矿热液。

结合矿区内典型的蚀变矿物分布特征可以看出，在岩浆岩与地层的接触部位，均会形成较强的蚀变带，尤其在其中成矿条件较为有利的区段，则表现出较强的、类型丰富的蚀变矿物组合，从而指示矿化蚀变带的存在。

综上分析，将本矿区不同类型矿床按照形成机制、赋矿层位分为热液型铜铁矿床（忠阳山铜矿、万宝沟金铜矿）、沉积变质铁矿（小南川磁铁矿）、构造破碎带型金矿（纳赤台金矿）。结合矿区内典型矿床的光谱特征剖析，总结高光谱找矿标志见表4-7。

表4-7　东昆仑纳赤台工作区典型矿床找矿标志

项目		热液型铜铁矿床	构造破碎带型金矿	沉积变质铁矿
矿床特征	控矿构造	近东西断层发育，特别是在破碎蚀变带中	北西向断层，构造蚀变带	
	矿化蚀变	孔雀石化、褐铁矿化、黄钾铁矾化	硅化、硫化物（褐铁矿化、黄铁矿化、毒砂）	磁铁矿化
	围岩蚀变	大理岩化、千枚岩化、绿泥石化	大理岩化、绢云母化、碳酸盐化	绿泥石化、碳酸盐化
	矿体形态	透镜状、带状	透镜状、脉状	条带状、似层状
	矿石类型	致密块状、条带状	块状构造、浸染状构造、碎裂状构造、星散状和脉状构造	致密块状
	赋矿地层	万宝沟群大理岩－碎屑岩段	万宝沟群大理岩段	万宝沟群火山碎屑岩段
影像特征		呈灰白色、明亮带状，影纹较光滑	亮灰白色、灰白色色调、影纹粗糙	灰绿色色调，影纹粗糙
蚀变标志	标志性蚀变矿物	褐铁矿化、孔雀石化、黄钾铁矾化蚀变呈带状发育，位于碳酸盐化蚀变中	菱铁矿化、中－高铝绢云母、绿泥石	绿泥石化、低－中绢云母化
	蚀变矿物	发育绿泥石、中－低铝绢云母化	白云石、方解石	白云岩化、方解石化
物化探异常		具有磁异常，铜化探异常	金化探异常	磁异常
典型矿床		忠阳山铁铜矿、万宝沟金铜矿	纳赤台金矿	小南川磁铁矿

4.3　小结

本章通过典型矿床地面近红外光谱测量，在详细剖析矿化蚀变分带的基础上，建立了基于近红外光谱技术的标志性蚀变矿物组合找矿预测方法，有效指导了异常查证工作，取得良好的找矿成果。

（1）建立了基于近红外光谱技术的标志性蚀变矿物组合找矿预测方法技术体系。通过对矿区内不同地质单元的近红外光谱测量，控制不同地质单元的光谱特征，了解不同地质引起的区域蚀变类型；通过典型剖面近红外光谱测量，掌握不同成矿有利地质单元的光谱特征，并结合其蚀变矿物分布特征进行总结，掌握区域内蚀变矿物分布规律及矿化区域主要分布的蚀变类型组合；结合典型矿床的蚀变分带系统性近红外光谱测量，研究矿化蚀变分带。通过不同矿物组合间的逻辑关系，排除区域异常，识别可能的矿化异常，并结合异常分布特征构建起标志性蚀变矿物组合。结合矿床学及矿物学范畴，将近红外光谱标志性蚀变矿物组合定义为：在一定地质条件下形成，能够指示某种特定矿床蚀变分带的，且可为近红外光谱反映出来的蚀变矿物组合。

（2）构建了北山方山口工作区金、钨、铁矿床的标志性蚀变矿物组合，并建立找矿模型。甘肃北山方山口工作区蚀变岩型金矿床的近红外光谱标志性蚀变矿物组合为：褐铁矿化＋黄钾铁矾化＋绿帘石化蚀变发育，呈线性蚀变矿物组合展布，该矿物组合多在中－高铝绢云母等不同矿物交界且线性构造发育。近红外光谱找矿综合模型为：矿化体外围以发育中（富）铝绢云母化或碳酸盐化为特征，向内发育绿帘石化（绿泥石化），因矿化体与不同的地质体相接触而使其蚀变矿物类型存在一定差异，中心矿化部位受断裂控制呈负地形，发育硅化、褐铁矿化、黄钾铁矾化蚀变矿物组合，呈线性蚀变矿物异常组合展布。印支期（华力西晚期）碎裂花岗岩中的断层破碎带及接触带是成矿条件有利部位，该区不同类型矿床找矿模型的建立将为后期的异常查证提供重要支撑。

（3）构建了东昆仑纳赤台工作区以金矿为主的标志性蚀变矿物组合，并建立找矿模型。东昆仑纳赤台工作区内金矿床以热液脉型、蚀变岩型金矿为主，其受构造控矿作用明显，标志性的蚀变矿物组合为菱铁矿＋中－高铝绢云母＋绿泥石，受剪切带、断层控制呈线性异常展布。结合后期异常查证结果，进一步完善了纳赤台工作区金矿床的近红外光谱标志性蚀变矿物组合，沉积变质型铁矿以绿泥石＋低－中绢云母组合为标志。

参 考 文 献

［1］Osborne B G. The use of near infrared reflectance spectroscopy in the control of flour protein content ［J］. Journal of Chemical Technology and Biotechnology, 1986, 34 (8)：364～366.

［2］Duvenage E J. Measurement of fat and moisture in air-dried bread by near infrared reflectance ［J］. Journal of the Science of Food and Agriculture, 1986, 37 (4)：384～386.

［3］Difoggio R, Sadhukhan M, Ranc M L. Near-infrared offers benefits and challenges in gasoline analysis ［J］. Oil and Gas Journal, 1993 (5)：87～90.

［4］田淑芳, 詹骞. 遥感地质学 ［M］. 北京：地质出版社, 2014：3～50.

［5］Lees R D, Lettis W R, Bernstein R. Evaluation of Landsat Thematic Mapper Imagery for geologic applications ［J］. Proceedings of the IEEE, 1985, 73 (6)：1106～1117.

［6］Harris J R, Rencz A N, Ballantyne B, et al. Mapping altered rocks using Landsat TM and lithogeochemical data：Sulphurets-Brucejack lake district, British Columbia, Canada ［J］. Photogrammetric Engineering and Remote Sensing, 1998, V64 (4)：309～322.

［7］Goetz A F H, Vane G, Solomon J E, et al. Imaging Spectrometry for Earth Remote Sensing ［J］. Science, 1985, 228 (4704)：1147～1153.

［8］MacDonald J S, Ustin S L, Schaepman M E. The contributions of Dr. Alexander F. H. Goetz to imaging spectrometry ［J］. Remote Sensing of Environment, 2009, 113：S2～S4.

［9］韩玲, 杨军录, 陈劲松. 遥感信息提取及地质解译 ［M］. 北京：科学出版社, 2017：31～197.

［10］Liu L, Zhou J, Yin F, et al. The reconnaissance of mineral resources through ASTER data-based image processing, interpreting and ground inspection in the Jiafushaersu Area, West Junggar, China ［J］. Journal of Earth Science, 2014, 25 (2)：397～406.

［11］田淑芳, 王小牛. 遥感技术在山西阳高地区金矿成矿预测中的应用 ［J］. 现代地质, 2001, 15 (1)：64～68.

［12］杨敏, 李健强, 高婷, 等. WorldView-2 数据在地质调查中的应用 ［J］. 现代矿业, 2012, 27 (6)：35～37.

［13］Goetz A F H, Srivastava V. Mineralogical mapping in the Cuprite Mining District, Nevada ［C］// Proc. of the Airborne Imaging Spectrometer Data Anal. Workshop, Jet Propulsion Lab., 1985：22～31.

［14］Harris J R, Neily L, Pultz T, et al. Principal component analysis of airborne geophysical data for lithologic discrimination using an image analysis system ［C］// International Symposium on Remote Sensing of Environment, 20th, Nairobi, Kenya, 1986.

［15］王润生, 熊盛青, 聂洪峰, 等. 遥感地质勘查技术与应用研究 ［J］. 地质学报, 2011, 85 (11)：1699～1743.

［16］章革, 连长云, 王润生. 便携式短波红外矿物分析仪 (PIMA) 在西藏墨竹工卡县驱龙铜矿区矿物填图中的应用 ［J］. 地质通报, 2005, 24 (5)：480～484.

［17］Feng J, Rogge D, Rivard B. Comparison of lithological mapping results from airborne hyperspectral VNIR-SWIR, LWIR and combined data ［J］. International Journal of Applied Earth

Observation and Geoinformation, 2018, 64: 340~353.

[18] Yang K, Huntington J F, Scott K M, et al. Variations in composition and abundance of white mica in the hydrothermal alteration system at Hellyer, Tasmania, as revealed by infrared reflectance spectroscopy [J]. Journal of Geochemical Exploration, 2011, 108 (2): 143~156.

[19] Hunt G R. Spectral signatures of particulate minerals in the visible and near infrared [J]. Geophysics, 1977, 42: 501~513.

[20] Clark R N. Chapter 1: spectroscopy of rocks and minerals, and principles of spectroscopy [M]. Manual of Remote Sensing, Remote Sensing for the Earth Sciences, A. N. Rencz, Ed., 1999, John Wiley and Sons, New York, NY, USA: 3~58.

[21] 邓书斌. ENVI遥感图像处理方法 [M]. 北京: 科学出版社, 2010: 351~361.

[22] 修连存, 郑志忠, 俞正奎, 等. 近红外光谱仪测定岩石中蚀变矿物方法研究 [J]. 岩矿测试, 2009, 28 (6): 519~523.

[23] Duke E F. Near infrared spectra of muscovite, Tschermak substitution, and metamorphic reaction progress: Implications for remote sensing [J]. Geology, 1994, 22 (7): 621.

[24] Petit S, Decarreau A, Gates W, et al. Hydrothermal synthesis of dioctahedral smectites: the Al^--Fe^{3+} chemical series. Part II: crystal-chemistry [J]. Applied Clay Science, 2015, 104: 96~105.

[25] 燕守勋, 张兵, 赵永超, 等. 矿物与岩石的可见-近红外光谱特性综述 [J]. 遥感技术与应用, 2003, 18 (4): 191~201.

[26] Adams J B, Filice A L. Spectral reflectance 0.4 to 2.0 microns of silicate rock powders [J]. Geophys, 1967 (72): 5705~5715.

[27] Singer R B. Near-infrared spectral reflectance of mineral mixtures: Systemic combinations of pyroxenes, olivine, and iron oxides [J]. Journal of Geophysical Research: Solid Earth, 1981, 86 (B9): 7967~7982.

[28] Denni Krohn M. Near infrared detection of ammonium minerals [J]. Geophysics, 1987, 52 (7): 924~930.

[29] Crowley J K. Visible and Near-infrared (0.4~2.5μm) Reflectance Spectra of Playa Evaporite Minerals [J]. Journal of Geophysical Research, 1991, 86 (B9): 232~240.

[30] Post J L, Noble P N. The near-infrared combination band frequencies of dioctahedral smectites, micas, and illites [J]. Clays and Clay Minerals, 1993, 41 (6): 639~644.

[31] Frost R L, Kloprogge J T, Ding Z. Near-infrared spectroscopic study of nontronites and ferruginous smectite [J]. Spectrochimica Act Part A, 2002, 58: 1657~1668.

[32] Yang K, Huntington J F, Patrick R L, et al. An infrared spectral reflectance study of hydrothermal alteration minerals from the Te Mihi Sector of the Wairakei geothermal system, New Zealand [J]. Geothermics, 2000, 29: 377~392.

[33] Ruitenbeek F J A, Cudahy T, Martin H, et al. Tracing fluid pathways in fossil hydrothermal systems with near-infrared spectroscopy [J]. Geology, 2005, 6: 597~600.

[34] 包安明, 吴中莹. 可见-近红外波段矿物的岩石光谱特征——以新疆北疆部分地区岩石为例 [J]. 干旱区地理, 1993, 16 (3): 64~69.

[35] 张宗贵. 用近红外及短波红外反射波谱编码方法识别蚀变粘土矿物 [J]. 国土资源遥感, 1995, 25 (3)：40~46.

[36] 章革, 连长云, 元春华. PIMA 在云南普朗斑岩铜矿矿物识别中的应用 [J]. 地学前缘, 2004, 11 (4)：460.

[37] 占细雄, 林君, 王智宏. 便携式近红外矿物分析系统 [J]. 仪表技术与传感器, 2004 (11)：9~11.

[38] 王智宏, 林君, 武子玉, 等. 便携式近红外光谱矿物分析仪分光系统研制 [J]. 岩矿测试, 2005, 24 (1)：59~61.

[39] 王智宏, 林君, 武子玉, 等. 便携式矿物近红外光谱仪器的研制 [J]. 仪器仪表学报, 2005, 26 (11)：1135~1138.

[40] 修连存, 郑志忠, 俞正奎, 等. 近红外光谱分析技术在蚀变矿物鉴定中的应用 [J]. 地质学报, 2007, 81 (11)：1584~1590.

[41] 郑志忠, 陈春霞, 修连存. 便携式野外现场近红外地物光谱仪研究与测试 [J]. 现代科学仪器, 2008 (2)：25~28.

[42] 高庆柱, 修连存. 近红外矿物分析仪研制与应用 [J]. 现代科学仪器, 2009 (1)：30~33.

[43] 修连存, 郑志忠, 俞正奎, 等. 近红外光谱仪测定岩石中蚀变矿物方法研究 [J]. 岩矿测试, 2009, 28 (6)：519~523.

[44] 孟恺, 申俊峰, 卿敏, 等. 近红外光谱分析在毕力赫金矿预测中的应用 [J]. 矿物岩石地球化学通报, 2009, 28 (2)：147~156.

[45] 张建国, 杨自安, 石菲菲. 青海省阿尔金黄石山地区近红外蚀变矿物填图 [J]. 矿产与地质, 2011, 25 (3)：236~241.

[46] 孙莉, 肖克炎, 陈明. 土屋铜矿近红外光谱找矿模型建立 [J]. 新疆地质, 2011, 29 (2)：234~237.

[47] 周轶群, 胡道功. 青海五龙沟金矿区蚀变矿物光谱特征与找矿应用 [J]. 地质力学学报, 2012, 18 (3)：331~338.

[48] Norris K H. Early history of near infrared for agricultural application [J]. NIR news, 1992, 3 (1)：12~13.

[49] 褚小立, 袁洪福. 近红外光谱分析技术发展和应用现状 [J]. 现代仪器, 2011, 7 (5)：1~4.

[50] 陆婉珍. 现代近红外光谱分析技术 [M]. 2 版. 北京：中国石化出版社, 2007.

[51] 褚小立, 陆婉珍. 近五年我国近红外光谱分析技术研究与应用进展 [J]. 光谱学与光谱分析, 2014, 34 (10)：2595~2605.

[52] 林知勋, 许韩榕. 衍射强度对比法测定高岭土混合相中矿物含量 [J]. 非金属矿, 1988 (1)：7~8.

[53] 甘甫平, 王润生, 马蔼乃. 基于特征谱带的高光谱遥感矿物谱系识别 [J]. 地学前缘, 2003, 10 (2)：445~454.

[54] 刘圣伟, 甘甫平, 阎柏琨, 等. 成像光谱技术在典型蚀变矿物识别和填图中的应用 [J]. 中国地质, 2006, 33 (1)：178~186.

［55］唐攀科，李永丽，李国斌，等. 成像光谱遥感技术及其在地质中的应用［J］. 矿产与地质，2006，20（2）：160～165.

［56］甘甫平，王润生. 高光谱遥感技术在地质领域中的应用［J］. 国土资源遥感，2007（4）：57～60.

［57］Pieters C M，Englert P A J. Remote geochemical analysis：Elemental and mineralogical composition［M］. New York，USA：Cambridge University Press，1993：1～36.

［58］Clark R N，Swayze G A，Livo K E，et al. Imaging spectroscopy：Earth and planetary remote sensing with the USGS tetracorder and expert systems［J］. Journal of Geophysical Research：Planets，2003，108（E12）：5131.

［59］Duke E F. Near infrared spectra of muscovite，Tschermak substitution，and metamorphic reaction progress：Implications for remote sensing［J］. Geology，1994，22（7）：621.

［60］王吉秀. 明金沟花岗岩体与金矿的关系［J］. 西北地质，1999，32（2）：25～29.

［61］潘兆橹，赵爱醒，潘铁虹. 结晶学及矿物学［M］. 北京：地质出版社，1994：125～133.

［62］刘伟，潘小菲. 新疆－甘肃北山金矿南带的成矿流体演化和成矿机制［J］. 岩石学报，2006，22（1）：171～188.

［63］袁见齐，朱上庆，翟裕生. 矿床学［M］. 北京：地质出版社，1979.

［64］聂凤军，江思宏，白大明，等. 蒙甘新相邻（北山）地区金铜矿床时空分布特征及成矿作用［J］. 矿床地质，2003，22（3）：234～245.

［65］江思宏，聂凤军，胡朋，等. 北山地区岩浆活动与金矿成矿作用关系探讨［J］. 矿床地质，2006，26（增）：269～272.

［66］潘小菲，刘伟. 甘肃－新疆北山成矿带典型矿床成矿流体研究进展及成矿作用探讨［J］. 地球学报，2010，31（4）：507～518.

［67］李厚民，沈远超，胡正国，等. 青海东昆仑驼路沟钴（金）矿床地质特征及成因初探［J］. 地质与勘探，2001（1）：60～64，95.

［68］马延虎. 万宝沟幅 J46E024018 没草沟幅 I46E001017 青办食宿站幅 I46E001018 1/5 万区域地质调查报告［R］. 青海省地质调查院，2003.

［69］朱云海. 小灶河幅 J46E021015 哈希牙图幅 J46E022015 向阳沟幅 J46E023015 大灶火沟幅 J46E024015 1/5 万区域地质调查报告［R］. 中国地质大学（武汉）地质调查院，2013.

［70］赵振明，陈守建，计文化，等. 东昆仑小南川中—新元古界万宝沟群地层中富磁铁矿层的发现及意义［J］. 地质通报，2012，31（12）：1991～2000.

［71］史连昌. 布伦台幅 J46C004002 1/25 万区域地质调查报告；大灶火幅 J46C004003 1/25 万区域地质调查报告；东昆仑西段岩浆演化与成矿作用关系专题报告［R］. 青海省地质调查院，2014.

［72］Mitchell A H G，Garson M S. Mineral deposits and global tectonic settings［M］. New York：Academic Press，1981.